ゼロからはじめる

スマホで楽しむ

# LINE
## 超入門
[改訂新版]

Android 対応版

リンクアップ 著

いまから帰る
スーパー寄るけど
何かいる？

大丈夫！
今日はカレーだよ

技術評論社

 CONTENTS

## 第1章 LINEの基本をマスターしよう

第2章 LINEの友だちを増やそう

# CONTENTS

## 第3章 LINEのトークでさらに楽しもう

# CONTENTS

## 第4章 LINEのグループを作ろう

第**5**章 LINEの無料通話や動画視聴を楽しもう

 CONTENTS

第 **1** 章

# LINEの基本を
# マスターしよう

# Section 01

# LINEってどんなサービス?

LINEは、スマートフォンやタブレットなどの端末で、メッセージのやり取りや通話が無料でできるコミュニケーションアプリです。

## 💬 LINEでできること

LINEとは、「トーク」や「無料通話」などで、友だちとコミュニケーションを取ることができるアプリです。トークでは、テキストや写真、動画などをやり取りできるほか、「スタンプ」という大きなイラストを使うことで、言葉だけでは伝わりづらい感情や気持ちを相手に伝えることが可能です。

無料通話では、LINEに追加した友だちと無料で通話でき、相手の顔を見ながら話せるビデオ通話に切り替えることも可能です。さらに、複数人でトークできる「グループトーク」や、グループを作らなくてもビデオ会議ができる「ミーティング」といった機能も無料で利用することができます。

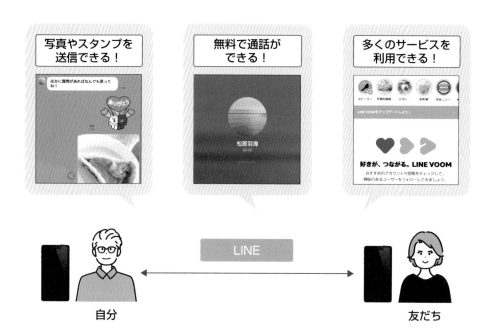

写真やスタンプを送信できる!

無料で通話ができる!

多くのサービスを利用できる!

自分　　　　　LINE　　　　　友だち

# LINEを始める前によくある質問

ここでは、LINEを始める前のよくある疑問点を例に、あらかじめ知っておきたい内容を紹介します。

## ● 本当に無料で使えるの?

ほとんどの機能を無料で利用できます。
LINEのトークや通話は、無料で利用することができます（データ通信料は別途必要です）。有料のサービスもありますが、有料の機能を利用する場合は必ず確認画面が表示されるため、知らずに利用してしまったということはありません。もちろん、無料の機能だけで十分LINEを楽しむことができます。

## ● 本名を登録しなくても使えるの?

本名でなくても利用できます。
LINEのアカウント作成時に名前を入力しますが、本名でなくても作成できます。わかりにくい名前だと、相手が自分のことをわからなくなってしまう可能性があるので、相手がわかるような名前で登録しましょう（P.18〜21、30〜33参照）。なお、アカウント作成には電話番号が必要で、アカウントは電話番号1つにつき1つしか作成できません。

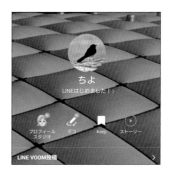

## ● 自分がLINEを始めたことを親しい人以外に知られたくない!

友だちの自動追加機能をオフにすることができます。
LINEでは、アドレス帳に登録されている電話番号をもとに自動的に友だちを検索し、追加する機能があるため、あまり親しくない人まで友だちに追加されてしまうことがあります。本書では、友だちの自動追加機能は使わず、必要な人だけを1人ずつ登録する方法で解説しているので安心です（P.20、34〜35、46〜49参照）。

# Section 02

# LINEを インストールしよう

LINEを始めるには、スマートフォンやタブレットなどの端末に「LINE」アプリをインストールする必要があります。アプリは「Playストア」を利用してインストールします。

## 💬 LINEをインストールする

① ホーム画面で[Playストア]をタップします。

タップする

② 「Playストア」が表示されるので、画面上部の検索欄をタップします。

「Googleはアプリインストールを最適化しています」画面が表示される場合は、[OK]をタップします。

タップする

③ 「line」と入力し、🔍をタップします。

**① 入力する**

あ|

**② タップする**

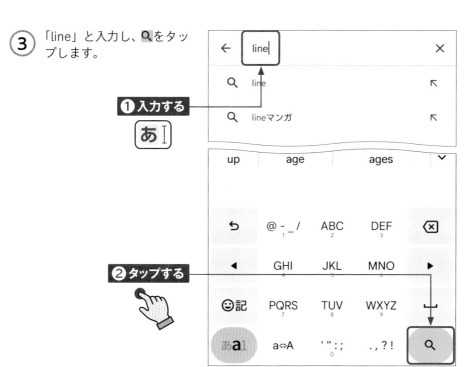

④ [LINE] をタップします。

**タップする**

この画面で [インストール] をタップすることでも、アプリをインストールできます。

15

⑤ [インストール] をタップします。

**LINE（ライン） - 通話・メールアプリ**

LINE (LY Corporation)
広告を含む・アプリ内課金あり

タップする

3.4 ★
1320万 件のレビュー ①

5億 以上
ダウンロード数

3+
3 歳以上 ①

**インストール**

「Playストア」で初めてアプリをインストールする場合は、「アカウント設定の完了」が表示されるので、[次へ] → [スキップ] の順にタップします。

⑥ インストールが開始されます。

**LINE（ライン） - 通話・メールアプリ**

開始される

93.01 MB のうち 49%
⊙ Play プロテクトにより検証済み

キャンセル

開く

インストールが完了すると、グレーで表示されている [開く] が青色になります。タップすると、ここから「LINE」アプリを起動することもできます（P.22参照）。

広告・おすすめ

⋮

Yahoo! JAPAN
4.0 ★

TikTok - 動画、LIVE
配信、フィルター...
▷ インストール済

Instagram
▷ インストール済

楽
3.

⑦ インストールが完了すると、ホーム画面に「LINE」のアイコンが追加されます。

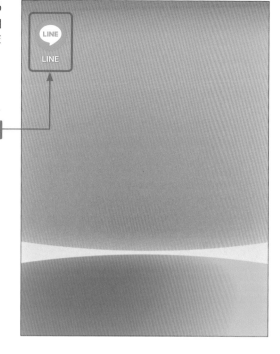

追加される

---

**MEMO** **Googleアカウントが必要**

「Playストア」を利用して「LINE」などのアプリをインストールするためには、Googleアカウントの取得が必要です。ホーム画面で「設定」アプリをタップし、[Google] → [Googleアカウントにログイン] の順にタップして、画面の指示に従ってアカウントを作成しましょう。

# Section 03

# アカウントを登録しよう

LINEを利用するには、アカウントを登録する必要があります。アカウント作成には電話番号を利用します。なお、本書では友だちの自動追加機能はオフにしています。

## アカウントを登録する

① ホーム画面で [LINE] をタップします。

タップする

② [新規登録] をタップします。

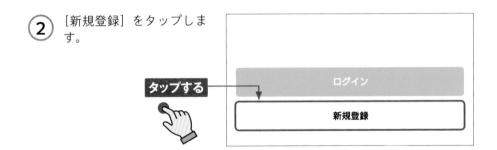

タップする

ログイン

新規登録

③ 許可を求められた場合、[次へ] → [許可] の順にタップします。

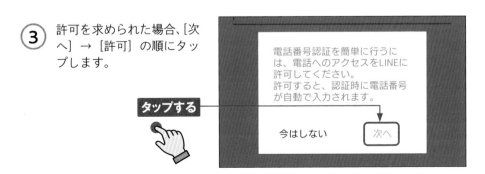

タップする

電話番号認証を簡単に行うには、電話へのアクセスをLINEに許可してください。
許可すると、認証時に電話番号が自動で入力されます。

今はしない　　次へ

④ 電話番号が自動で入力されるので、●をタップします。電話番号が自動で入力されない場合は、手動で入力します。

070

タップする →

⑤ [OK] をタップすると、SMSに認証番号が送信されます。

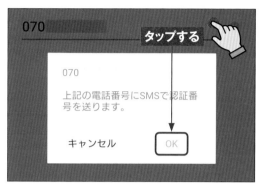

070　　　　タップする

070

上記の電話番号にSMSで認証番号を送ります。

キャンセル　　OK

**MEMO　SMSとは**

SMSとは、電話番号を宛先にしてメッセージをやり取りできるサービスです。認証番号の送信などに利用されます。

⑥ [許可] をタップすると、手順⑤で送信された認証番号が自動入力されて手順⑦の画面が表示されます。自動入力されない場合は、認証番号を入力して、✓をタップします。

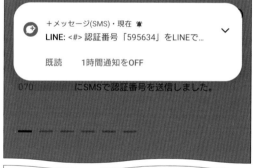

＋メッセージ(SMS)・現在

LINE: <#> 認証番号「595634」をLINEで…

既読　　1時間通知をOFF

070　　　　にSMSで認証番号を送信しました。

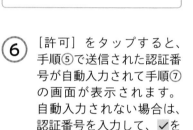

**MEMO　「おかえりなさい」画面が表示された場合**

手順⑥の操作のあとに「おかえりなさい、○○！」画面が表示されることがあります。LINEアカウントを引き継ぐ場合は、[はい、私のアカウントです] を、新規登録したい場合は [いいえ、違います] をタップします。

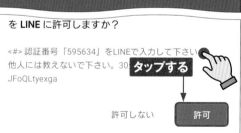

を LINE に許可しますか？

<#> 認証番号「595634」をLINEで入力して下さい。他人には教えないで下さい。30　タップする
JFoQLtyexga

許可しない　　　許可

⑦ [アカウントを新規作成] をタップします。

タップする →

アカウントを引き継ぐ

アカウントを新規作成

19

⑧ LINEで使用する名前を入力し、●をタップします。

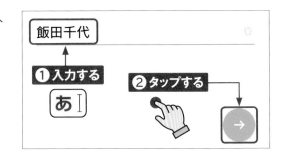

⑨ LINEで使用するパスワードを2回入力し、●をタップします。

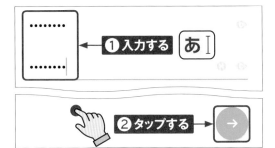

⑩ 「友だち自動追加」と「友だちへの追加を許可」の●をタップして●にし、●をタップします。

知り合いに電話番号で自分のアカウントを検索してもらいたい場合は、「友だちへの追加を許可」をオンにします（P.34、147参照）。

## 友だち追加設定

以下の設定をオンにすると、LINEは友だち追加のためにあなたの電話番号や端末の連絡先を利用します。詳細を確認するには各設定をタップしてください。

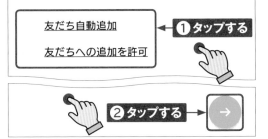

⑪ 「年齢確認」画面では［あとで］をタップします。

## 年齢確認

より安心できる利用環境を提供するため、年齢確認を行ってください。

タップする

あとで

(12) [同意する] → [OK] の順にタップすると、位置情報へのアクセス許可などを求められるので、[アプリの使用時のみ] → [許可] の順にタップします。

サービス向上のための情報利用に関するお願い

タップする

同意する

同意しない

(13) 「友だちを連絡先に追加」画面では [追加する] → [許可]、もしくは[キャンセル]をタップします。

タップする

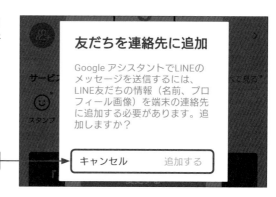

友だちを連絡先に追加

Google アシスタントでLINEのメッセージを送信するには、LINE友だちの情報（名前、プロフィール画像）を端末の連絡先に追加する必要があります。追加しますか？

キャンセル　　　追加する

(14) 「メッセージ受信などの通知を受け取ろう！」画面では、[通知をオンにする] → [許可] の順にタップします。

タップする

メッセージ受信などの通知を受け取ろう！

新着メッセージや自分へのメンション、グループへの

通知をオンにする

(15) 「バッテリー使用量の設定を制限なしに変更しますか？」画面では、[変更する] → [許可] の順にタップします。

タップする

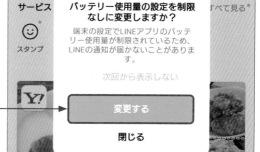

サービス　　　すべて見る

バッテリー使用量の設定を制限なしに変更しますか？

端末の設定でLINEアプリのバッテリー使用量が制限されているため、LINEの通知が届かないことがあります。

次回から表示しない

変更する

閉じる

第1章　LINEの基本をマスターしよう

# LINEを
# 起動／終了しよう

ホーム画面やアプリ一覧画面で、「LINE」アプリのアイコンをタップすることで起動できます。ホームキーをタップすると、ホーム画面に戻ります。

## LINEを起動する

① ホーム画面で［LINE］を
タップします。

LINE
LINE
タップする

② 「LINE」アプリが起動します。ホームキーをタップします。

ジェスチャーナビゲーションを使っている場合は、画面下部から上方向にスワイプします。

飯田千代
ステータスメッセージを入力
♪ BGMを設定

Q 検索

友だちリスト　　　　　　　　　すべて見る

友だちを追加
友だちを追加してトークを始めよう。

グループ作成
グループを作ってみんなでトークしよう。

ホーム　トーク　VOOM　ニュース　ウォレット

タップする

③ ホーム画面が表示されます。

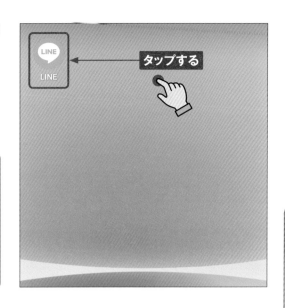

タップする

---

**MEMO アプリの利用を再開する**

手順③でホーム画面が表示されても、アプリは終了しません。再度 [LINE] をタップすると、手順②の状態から操作を再開することができます。

---

**MEMO ホーム画面に「LINE」アプリがない場合**

ホーム画面に「LINE」アプリがない場合、アプリ一覧画面を表示することで「LINE」アプリを見つけることができます。ホーム画面で、画面中央を下から上方向にスワイプすることで、アプリ一覧画面が表示されます。

スワイプする

表示される

## 💬 LINEを終了する

**①** アプリ使用履歴キーをタップします。

ジェスチャーナビゲーションを使っている場合は、画面下部から上方向にドラッグし、画面中央で指を離します。

タップする

**②** 起動中のアプリが表示されます。

③ 「LINE」アプリの画面を上方向にスワイプすると、LINEが終了します。

**スワイプする**

📝 MEMO **起動しているアプリをすべて終了する**

[すべてクリア]をタップすると、起動しているすべてのアプリを終了することができます。

④ ほかに起動中のアプリがない場合、ホーム画面が表示されます。

# LINEの画面の見方を確認しよう

LINEは、タブをタップすることで切り替えることができ、「ホーム」「トーク」「VOOM」「ニュース」「ウォレット」などの画面を表示できます。

## 💬 「ホーム」タブの見方

| | | | | | |
|---|---|---|---|---|---|
| ❶ | 自分のプロフィールアイコンや名前などが表示されます。 | ❹ | タップすると設定画面が表示されます。 | ❼ | グループが一覧表示されます。 |
| ❷ | タップすると「Keep」に保存されたメッセージなどが表示されます。 | ❺ | 友だちのマイQRコードやLINE PayのQRコードのスキャン、文字認識（翻訳）機能が利用できます。 | ❽ | LINEが提供するさまざまなサービスを利用できます。 |
| ❸ | タップすると友だちを追加できます。 | | | ❾ | タップするとそれぞれのタブが表示されます（P.28〜29参照）。 |
| | | ❻ | 友だちが一覧表示されます。 | | |

## 画面を切り替える／もとの画面に戻る

**①** P.22を参考に「LINE」アプリを起動し、[ウォレット] をタップします。

タップする

**②** 「ウォレット」タブに切り替わります。[ホーム] をタップします。

**ウォレット** 資産　　　　　　　開催中 😊

**Pay** 今すぐLINE Payをはじめる　　　　>

**P 0** LINEポイントを貯める>

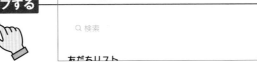

「エクサライフコーヒーW」
商品購入完了でポイントゲット！

🏠　　😐　　◎　　☰　　■
ホーム　　トーク　　VOOM　　ニュース　　ウォレット

タップする

**③** 「ホーム」タブに切り替わります。⚙をタップします。

🔖　🔔　😊+　⚙

**飯田千代**
ステータスメッセージを入力
🎵 BGMを設定

Q 検索　　　　　　　　　　⌗

ともだちリスト　　　　　　　すべて見る

タップする

**④** 「設定」画面が表示されます。くをタップすると、「ホーム」タブに戻ります。

< 設定

Q 検索

プロフィール　　　　　　　　>

タップする

### ● 「トーク」タブ

「トーク」タブでは、友だちやグループのトークルームが一覧表示されます。トークルームをタップすると、友だちとトークや通話を楽しめます。

| | |
|---|---|
| ❶ | すべてのトークルームのアルバムをまとめて見ることができます。 |
| ❷ | オープンチャットに参加できます。 |
| ❸ | トークルームやミーティングを作成します。 |
| ❹ | トークリストの並び替えや編集ができます。 |
| ❺ | トークルームが一覧表示されます。 |

### ● 「VOOM」タブ

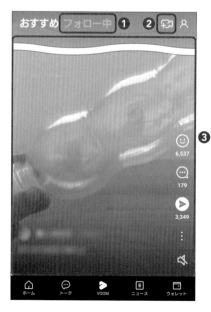

「VOOM」タブでは、ショート動画の閲覧や投稿ができます。[フォロー中]をタップすると、フォローしているユーザーのショート動画や写真・テキストの投稿がタイムラインで表示されます。

| | |
|---|---|
| ❶ | フォローしているユーザーの投稿がタイムラインで表示されます。 |
| ❷ | ショート動画の撮影と投稿ができます。 |
| ❸ | ショート動画がランダムで再生されます。上下にスワイプすると、ショート動画を切り替えられます。 |

## ● 「ニュース」タブ

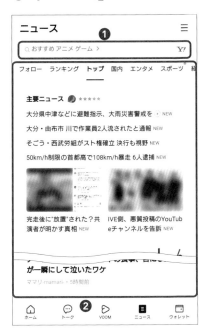

「ニュース」タブには、最新のニュースがジャンルごとに表示されます。

| | |
|---|---|
| ❶ | ニュース記事などの検索ができます。 |
| ❷ | 話題のニュースがリアルタイムで表示されます。 |

## ● 「ウォレット」タブ

「ウォレット」タブでは、LINE PayやLINEクーポンなどのお金に関するLINEの各種サービスを利用できます。

| | |
|---|---|
| ❶ | 「LINE Pay」を利用できます。 |
| ❷ | LINEポイントが表示されます。 |
| ❸ | お金に関するLINEの各種サービスを利用できます。 |

# Section 06 自分のプロフィールを設定しよう

LINEでは、名前やステータスメッセージ、アイコンなどを自由に設定できます。ほかのユーザーがあなたのアカウントを見つける目印になります。

## 名前を変更する

① 「ホーム」タブで⚙をタップします。

タップする

**飯田千代**
ステータスメッセージを入力
♫ BGMを設定

② [プロフィール] をタップします。

タップする

プロフィール

account center

③ 「プロフィール」画面が表示されます。[名前]をタップします。

タップする

名前
飯田千代

ステータスメッセージ

④ 変更したい名前を入力し、[保存]をタップします。

❶入力する

名前　　　　　　　　　　2/20
ちよ

❷タップする

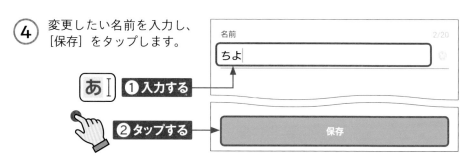

保存

## 💬 ステータスメッセージを設定する

① P.30手順③の「プロフィール」画面で[ステータスメッセージ]をタップします。

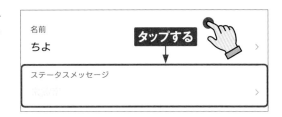

名前
ちよ

**タップする**

ステータスメッセージ

② ステータスメッセージを入力し、[保存]をタップします。

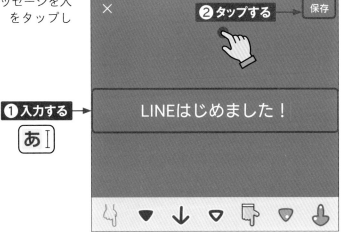

**❷タップする** → 保存

**❶入力する** → あ[

LINEはじめました！

③ 「プロフィール」画面に戻ると、ステータスメッセージが設定されたことを確認できます。

名前
ちよ

ステータスメッセージ

**設定される** → LINEはじめました！

---

### 📝 MEMO ステータスメッセージの表示

登録したステータスメッセージは、「ホーム」タブから[友だちリスト]をタップすると、「友だち」の一覧に表示されます。

お気に入り　**友だち**　グループ　公式アカウント
——
**友だち1**　　　　　　　　　　　　デフォルト・

うみ
**表示される** → 旅行好き

31

## プロフィールアイコンを設定する

① P.30手順③の「プロフィール」画面で **⬛**→ [写真または動画を選択] の順にタップします。

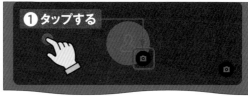

**①タップする**

**②タップする**

電話番号
+81 70

カメラで撮影

写真または動画を選択

ID

プロフィールスタジオ

② 許可を求められた場合は [許可] をタップします。プロフィールアイコンにしたい写真を選択し、枠をドラッグして表示範囲を調整し、[次へ]をタップします。

**①ドラッグする**

**②タップする**

90°

次へ

③ [完了] をタップします。

**タップする**

☐ ストーリーに投稿　**完了**

④ 「プロフィール」画面に戻ると、プロフィールアイコンが設定されたことを確認できます。

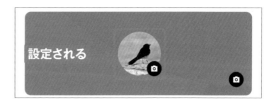

設定される

## 背景画像を設定する

① P.30手順③の「プロフィール」画面で🔘→ [写真または動画を選択] の順にタップします。

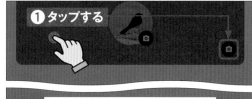

**① タップする**

**② タップする**

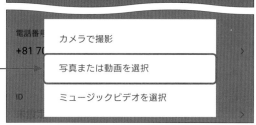

電話番号
+81 70

| カメラで撮影 |
| 写真または動画を選択 |
| ミュージックビデオを選択 |

ID

② 背景画像にしたい写真を選択し、枠をドラッグして表示範囲を調整して、[次へ]をタップします。

**② タップする**

ちよ

**① ドラッグする**

キャンセル　　　　　　　　次へ

③ [完了] をタップします。

**タップする**

□ ストーリーに投稿　完了

④ 「プロフィール」画面に戻ると、背景画像が設定されたことを確認できます。

**設定される**

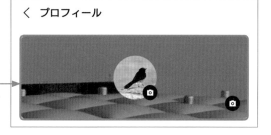

〈 プロフィール

33

# 電話番号を使って友だちを追加しよう

LINEでは、スマートフォンの電話番号を利用して友だちを検索することができます。電話番号を使用した検索をするには、年齢認証を行う必要があります。

第1章
LINEの基本を
マスターしよう

## 電話番号で友だちを検索する

① 「ホーム」タブで ⌾ をタップします。

タップする

② [検索] をタップします。

タップする

③ [電話番号] をタップします。

> 📋 **MEMO**
> **検索の利用制限**
>
> 電話番号やID（P.46参照）での検索を何度も行うと、「検索回数の上限を超えました。」と表示され、一定時間友だち検索を利用できなくなります。

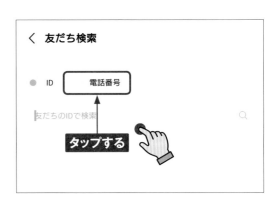

④ 追加したい友だちの電話番号を入力し、Q をタップします。

年齢認証を行っていない場合、認証を促す画面が表示されるので、画面の指示に従って認証を行います。

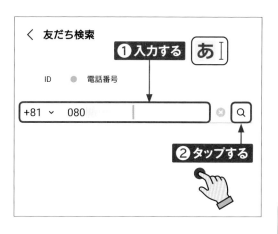

⑤ 検索結果が表示されるので、名前とプロフィールアイコンを確認し、［追加］をタップします。

友だちが「友だちへの追加を許可」をオフにしていると、検索結果に「該当するユーザーが見つかりませんでした。」と表示されてしまうので、オンにしてもらいます（P.147参照）。

⑥ 「ホーム」タブに戻り、［友だち］をタップすると、「友だちリスト」画面に追加した友だちが表示されます。

35

# Section 08
# 友だちにメッセージを送ろう

LINEでは、「トーク」機能を利用して、友だちとのメッセージのやり取りをチャット感覚で行うことができます。絵文字やデコ文字の送信も可能です（P.66参照）。

## 友だちにメッセージを送信する

① 「ホーム」タブで［友だち］をタップします。

**タップする**

### ちよ
LINEはじめました！
♪ BGMを設定

Q 検索

友だちリスト　　　　　　　　　　　　　　すべて見る

友だち
うみ　　　　　　　　　　　　　　　　　　1 >

② 「友だちリスト」画面で、メッセージを送りたい友だちをタップします。

**タップする**

< 友だちリスト

Q 名前で検索

お気に入り　**友だち**　グループ　公式アカウント

**友だち1**　　　　　　　　　　　　　　デフォルト・

うみ
旅行好き

③ ［トーク］をタップします。

**タップする**

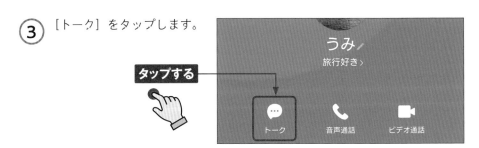

うみ
旅行好き >

💬 トーク　　　📞 音声通話　　　📹 ビデオ通話

④ トークルームが表示されるので、メッセージ入力欄をタップします。

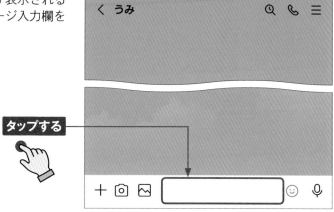

タップする

⑤ メッセージの内容を入力し、▶をタップします。

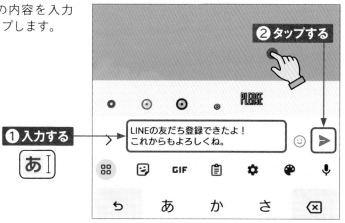

**②タップする**

**①入力する**

あ |

⑥ メッセージが送信されます。相手がメッセージを読むと、メッセージの横に「既読」と表示されます。くをタップすると、「トーク」タブが表示されます。

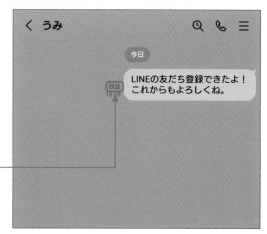

表示される

① [トーク] をタップします。

タップする

② 「トーク」タブが表示されます。画面右上の⊕をタップします。

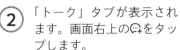
タップする

③ [トーク] をタップします。

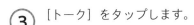
タップする

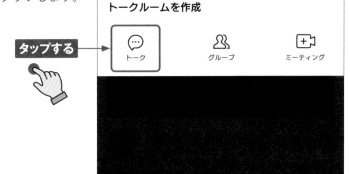

④ トークしたい友だちをタッ
プし、[作成] をタップし
ます。

⑤ トークルームが表示される
ので、P.37を参考にメッ
セージを入力し、送信しま
す。

📝 **トークルームから**
MEMO **メッセージを送信する**

一度メッセージを送信、または
受信した友だちとは、「トーク」
タブにトークルームが作成され
ます。次回以降は、トークルー
ムをタップするだけで、友だち
にメッセージを送信することが
できます。

# Section 09
# 友だちからのメッセージに返信しよう

友だちからメッセージを受信すると、「トーク」のアイコンに未読の数が表示されます。メッセージの内容を確認し、テキストで返信してみましょう。

## 💬 友だちからのメッセージに返信する

① 友だちからメッセージを受信すると通知が表示されるので、[トーク]をタップします。

**MEMO 「トーク」タブに表示されている数字**

「トーク」タブに表示されている数字は未読メッセージの数を表します。すべてのメッセージを読むと、表示は消えます。

② 通知が表示されているトークルームをタップします。

③ トークルームが表示され、メッセージを確認できます。メッセージ入力欄をタップします。

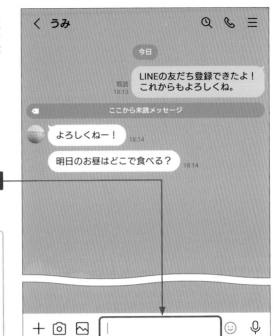

**タップする**

第1章 LINEの基本をマスターしよう

📝 MEMO **「ここから未読メッセージ」**

トークルームでは、読んでいないメッセージが「ここから未読メッセージ」の下に表示されます。

④ メッセージの内容を入力し、▶をタップすると、メッセージに返信できます。

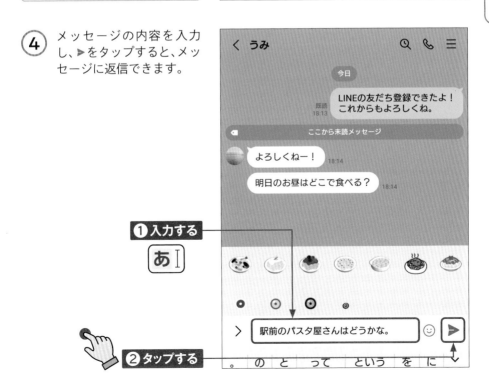

**❶入力する**

**❷タップする**

# スリープ時に届いたメッセージに返信する

① スリープ時にメッセージを受信すると、通知が表示されます。通知をダブルタップします。

ダブルタップする

② LINEのトークルームが表示され、メッセージを確認できます。メッセージ入力欄をタップします。

タップする

③ メッセージの内容を入力し、▶をタップすると、メッセージに返信できます。

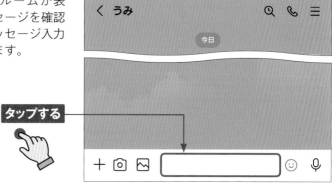

いいね👍すごく楽しみ！！では、12時に集合でいい？

あ ❶入力する

わかりました！私も楽しみです

❷タップする

第 **2** 章

# LINEの友だちを増やそう

# Section 10

# いろいろな友だちと つながろう！

トークや通話を無料で利用するためには、ほかのLINEユーザーを「友だち」に追加する必要があります。友だちの追加方法と追加されたときの対応方法を紹介します。

## 💬 友だちの追加方法

LINEでは、電話番号やQRコードなど、さまざまな方法で友だちを追加することができます。友だちに追加することで、トークや無料通話を利用できます。なお、電話番号やLINE IDを検索して友だちを追加する方法は、18歳未満のユーザーは利用できません。利用する場合は、年齢確認をする必要があります。

### ● さまざまな友だち追加方法

| 電話番号 | 電話番号を入力して友だちに追加する（要年齢確認、P.34参照） |
|---|---|
| ID検索 | LINE IDを入力して友だちに追加する（要年齢確認、要LINE ID登録、P.46参照） |
| QRコード | LINEユーザー固有のQRコード（マイQRコード）を読み込んで友だちに追加する（P.48参照） |
| 知り合いかも? | 「知り合いかも?」に表示されているLINEユーザーを友だちに追加する |
| アドレス帳 | スマートフォンのアドレス帳からLINEユーザーを検索して追加する |

### ● 友だち追加のしくみ

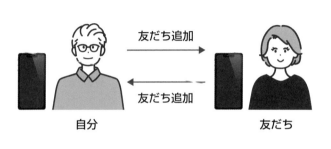

友だち追加

友だち追加

自分

友だち

自分が友だち追加しても、相手が自分を友だち追加するまでは、無料通話を利用することができません。なお、トークはお互いに友だちに追加していない場合でも、どちらかが友だちに追加しているだけで利用できます。

# 友だちに追加されたときの対応方法

ほかのLINEユーザーが自分を友だちに追加すると、自分の「友だち追加」画面の「知り合いかも?」欄にその相手が表示されます。相手が知り合いであれば友だちに追加しましょう。知り合いではない場合や、トークをする間柄ではない場合は、ブロックすることで交流できないようにすることも可能です。「知り合いかも?」にユーザーが表示される場合、追加された経緯も表示されていることがあるので、その表示から友だちに追加するかブロックするか判断しましょう。

---

MEMO 「知り合いかも?」に表示された人を見分ける方法

### ● 「電話番号で友だち追加されました」と表示された場合

相手がアドレス帳の自動検索や電話番号検索で自分を友だちに追加した場合に表示されます。自分の電話番号を知っている相手が登録していることが多いため、知り合いである可能性は高いですが、適当な電話番号をアドレス帳に登録する人や、電話番号検索で手あたり次第検索する人もいるため、名前やプロフィールアイコンをしっかり確認しましょう。

### ● 「LINE IDで友だち追加されました」「QRコードで友だち追加されました」と表示された場合

相手がLINE IDやQRコードで自分を友だちに追加した場合に表示されます。もし、LINE IDやQRコードを他人に教えた記憶がなければ、何らかの形でLINE IDやQRコードが流出している可能性があります。身に覚えのない相手の場合は、ブロックしたほうがよいでしょう（P.58参照）。

### ●理由が表示されない場合

同じグループ（P.100参照）に入っている人が自分を友だちに追加した場合や、友だちのトークルーム内で自分が別の友だちに紹介されて追加された場合（P.50参照）は、理由が表示されません。まったく知らない人が表示されることもあるので、グループのメンバーでなかったり、友だちの知り合いでなかったりする場合はブロックしましょう。

# Section 11

# IDを検索して友だちを追加しよう

友だちがIDを設定していて、IDによる友だち追加を許可していれば、ID検索で友だちを追加できます。ID検索を利用するためには、年齢確認を行う必要があります。

## 💬 ID検索で友だちを追加する

① 「ホーム」タブで 👤 をタップします。

② [検索] をタップします。

③ [ID] をタップしてチェックを付け、友だちに追加したいユーザーのLINE IDを入力し、🔍 をタップします。

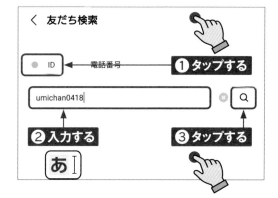

④ 検索結果が表示されるので、名前とプロフィールアイコンを確認し、[追加]をタップします。

< 友だち検索

● ID　　電話番号

umichan0418

うみ

追加

タップする

### ID検索には年齢確認が必要

アカウント登録時に年齢確認を行わなかった場合、手順③のあとで「年齢確認」画面が表示されます。画面の指示に従い、年齢確認を完了させましょう。なお、18歳未満の場合はID検索を利用できません。また、IDを設定する場合にも年齢確認が必要になります。

⑤ 「追加しました。」と表示され、友だちに追加されます。

< 友だち検索

● ID　　電話番号

友だちのIDで検索

うみ
新しい友だちとトークしよう！

トーク

表示される

追加しました。

LINE IDは「プロフィール」画面から設定できます（P.30参照）。また、「プロフィール」画面で「IDによる友だち追加を許可」がオフになっていると、検索結果に表示されないので注意しましょう。

47

# Section 12

# QRコードで友だちを追加しよう

LINEユーザーには、それぞれ固有のQRコード（マイQRコード）が割り当てられており、読み込むことで友だちに追加できます。QRコードは送信することも可能です。

## QRコードで友だちを追加する

① 「ホーム」タブで &+ をタップします。

② [QRコード] をタップします。許可を求められた場合は [アプリの使用時のみ] をタップします。

③ 「QRコードリーダー」画面が表示されるので、カメラの枠内に相手のQRコードを合わせて、読み取ります。

**QRコードを合わせる** →

ＱRコードやリンクを使って、友だち追加しましょう。

④ 検索結果が表示されるので、名前とプロフィールアイコンを確認します。[追加]をタップすると、友だちに追加されます。

**タップする**

追加　ブロック　通報

---

📝 **MEMO**　マイQRコードを表示する

手順③の画面で[マイQRコード]をタップすると、自分のQRコードを表示できます。P.48からの操作で相手に読み取ってもらうと、相手の「友だちリスト」に自分のアカウントが追加されます。なお、自分のQRコードは「プロフィール」画面から表示させることも可能です（P.30参照）。

**タップする**

🔲 マイQRコード

**表示される** ↓

ＱRコードやリンクを使って、友だち追加しましょう。

# Section 13

## メッセージで友だちを紹介しよう

友だちに別の友だちのアカウントを紹介することができます。なお、友だちのアカウントを紹介する際は、あらかじめ許可を取っておきましょう。

### 💬 自分の友だちを紹介する

**①** P.36 〜 39を参考に紹介したい友だちのトークルームを表示し、＋をタップします。

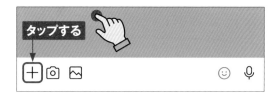

**②** [連絡先] をタップします。

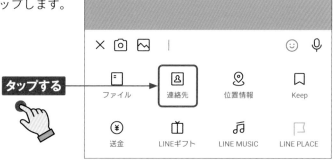

**③** 任意の連絡先（ここでは [LINE友だちから選択]）をタップします。

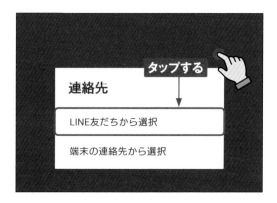

④ 紹介したい友だちをタップし、[転送]をタップします。

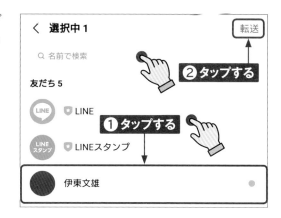

⑤ 友だちのアカウントが送信されます。

---

📝 **MEMO** **友だちを紹介された場合**

友だちからアカウントを送信された場合は、アカウントをタップし、[追加]をタップすると友だちに追加されます。

51

第2章 LINEの友だちを増やそう

# お気に入りの友だちを いちばん上に表示しよう

頻繁にメッセージをやり取りする友だちを「お気に入り」に追加することで、友だちを「友だちリスト」の「お気に入り」欄に表示させることができます。

## 友だちを「お気に入り」に追加する

① 「ホーム」タブで [友だち] をタップします。

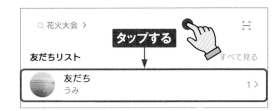

② お気に入りに追加したい友だちをロングタッチします。

③ [お気に入り] をタップします。

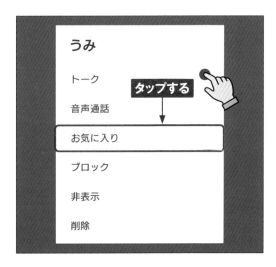

④ ［お気に入り］をタップすると、お気に入りに追加した友だちが表示されます。

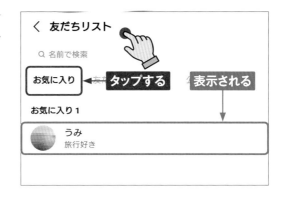

⑤ 再度「ホーム」タブを表示すると、「お気に入り」欄が表示されます。タップすると、手順④の画面が表示されます。

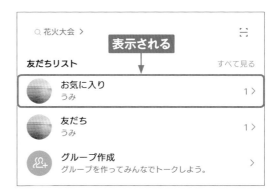

---

**MEMO　お気に入りを解除する**

お気に入りを解除するには、「ホーム」タブで［お気に入り］をタップし、お気に入りを解除したい友だちをロングタッチして、［お気に入り解除］をタップします。

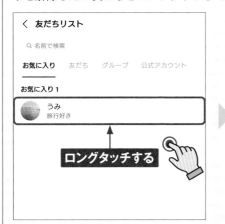
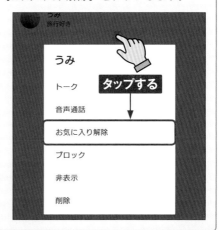

# 友だちの表示名を
# 変更しよう

友だちの表示名は自由に変更できます。友だちの表示名がニックネームであることから、誰なのかわからなくなってしまう場合などに利用できます。

## 友だちの表示名を変更する

① P.52手順②の「友だちリスト」画面で、表示名を変更したい友だちをタップします。

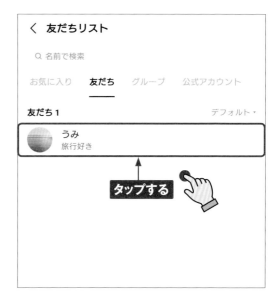

② ◢をタップします。

③ 入力欄に任意の名前を入力し、[保存]をタップします。

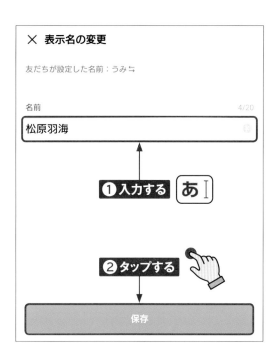

④ 友だちの表示名が変更されました。

⑤ 「友だちリスト」画面でも友だちの表示名が変更されていることを確認できます。

📝 MEMO **友だちの表示名を変更した場合**

友だちの表示名を変更しても、変更したことは相手に通知されません。

55

# 友だちを非表示にしよう

普段あまり交流しない友だちを非表示にすることで、「友だちリスト」を整理することができます。非表示にしても、メッセージのやり取りは可能です。

## 💬 友だちを非表示にする

① P.52手順②の「友だちリスト」画面で、非表示にしたい友だちをロングタッチします。

② [非表示] をタップします。

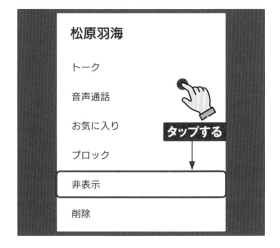

③ ［非表示］をタップします。

友だち 1　　　　　　　　　　デフォルト▾

松原羽海
旅行好き

松原羽海を友だちリストで非表示にしますか？
再表示は[設定]>[友だち]>[非表示リスト]で行えます。

キャンセル　　　　非表示

タップする

### MEMO 友だちを非表示にした場合

友だちを非表示にしても、非表示にしたことは相手には通知されません。

④ 非表示にした友だちが「友だちリスト」に表示されなくなります。

< 友だちリスト

Q 名前で検索

お気に入り　　**友だち**　　グループ　　公式アカウント

👤₊　**友だちを追加**
　　　友だちを追加してトークを始めよう。　　　　　>

**あなたの友だちが表示されます**
友だち追加すると、ここからトークや通話などが楽し

非表示にした友だちは、再表示させることもできます（P.61参照）。

# 友だちをブロックしよう

意図せずに知らない相手を友だちに追加してしまったり、迷惑行為を行ったりする友だちがいる場合は、ブロックして交流できないようにしましょう。

## 友だちをブロックする

(1) 「ホーム」タブで「友だちリスト」の [友だち] をタップし、ブロックしたい友だちをロングタッチします。

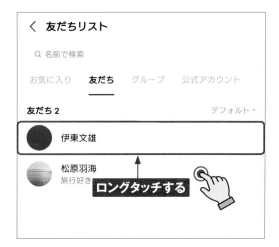

(2) [ブロック] をタップします。

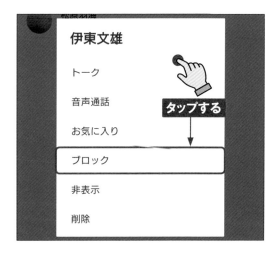

③ ［ブロック］をタップします。

**MEMO 友だちを ブロックした場合**

友だちをブロックすると、その友だちからのメッセージが届かなくなります。ブロックしたことは相手には通知されません。

④ ブロックした友だちが「友だちリスト」に表示されなくなります。

友だちのブロックを解除したいときは、P.60〜61を参考にしましょう。

# Section
# 18 ブロックを解除しよう

ブロックした友だちは、ブロックを解除することで「友だちリスト」に再表示することができます。間違えてブロックしてしまったときは再表示しましょう。

## ブロックを解除する

① 「ホーム」タブで⚙をタップします。

② [友だち] をタップします。

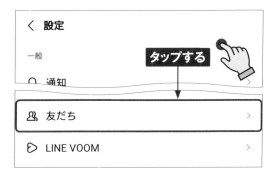

③ [ブロックリスト] をタップします。

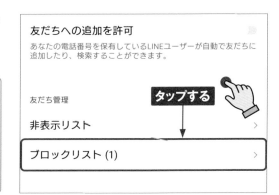

> **MEMO**
> **リストに表示されている数字**
>
> 非表示リストやブロックリストに表示されている数字は、非表示やブロックをしている友だちの数を表します。

④ ブロックを解除したい友だ
ちの［編集］をタップしま
す。

⑤ ［ブロック解除］→［ブロッ
ク解除］の順にタップしま
す。

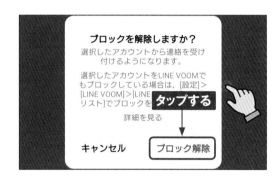

---

📝 **MEMO** 　**非表示を解除する**

非表示（P.56参照）を解除したいときは、手順③の画面で［非表示リスト］をタップし、
非表示を解除したい友だちの［編集］をタップして、［再表示］をタップします。

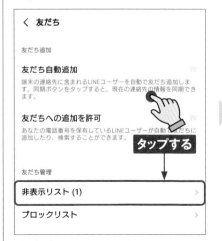 

# Section 19 友だちを削除しよう

ブロックした友だちは「ブロックリスト」（P.60参照）に追加されますが、ブロックリストからも削除することで、完全につながりを断つことができます。

## 友だちを削除する

① P.60を参考に「ブロックリスト」を表示し、削除したい友だちの[編集]をタップします。

② [削除]をタップすると、友だちが削除されます。

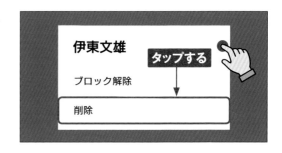

 MEMO 「ホーム」タブから友だちを削除する

「ホーム」タブで「友だちリスト」の[友だち]をタップし、削除したい友だちをロングタッチして、[削除]をタップすることでも、友だちを削除できます。

第3章

# LINEのトークで
# さらに楽しもう

# LINEの基本はトーク！

LINEの基本となる、メッセージをやり取りする機能が「トーク」です。「トーク」で送れるものは、テキストやスタンプ、写真、動画などさまざまです。

## 💬 気軽さで人気のトーク

LINEは、友だちに追加しているほかのユーザーとの会話を楽しめるアプリです。短い文章も送信できるため、チャットのように友だちとコミュニケーションを取ることが可能です。また、複数の友だちをトークルームに招待することで、大人数でのコミュニケーションもスムーズに行えます。メールのように、宛先や件名を入力しなくてもメッセージを送信できる気軽さがLINEの魅力といえるでしょう。

### ●トークルーム

テキストや写真、スタンプをチャットのように送り合うことができます。

### ●グループトーク

グループのトークルームを作成することで、3人以上での会話も行えます。

# トークをもっと楽しむために

LINEでは、スタンプや絵文字、デコ文字などの利用によって、テキストだけでは伝わりにくい感情を伝えることができます。スタンプにはさまざまな種類があり、有料のものや条件をクリアすることで無料で利用できるものなどもあります。スタンプのほかにも、写真や動画、連絡先などを送ることも可能です。また、友だちとのトークルームでは、アルバムやノートを作成し、大切な写真や情報を共有できます。

## ●スタンプ

有料や無料のスタンプが豊富に用意されています。

## ●絵文字／デコ文字

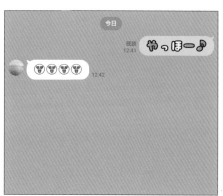

絵文字や、ひらがななどのデコ文字を組み合わせて使用できます。

## ●写真／動画

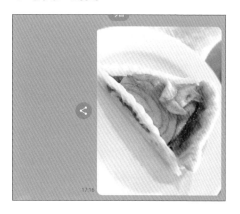

写真や動画をトークルームに送信できます。

## ●アルバム

アルバムにまとめられた写真はいつでも閲覧できます。

# Section 21 メッセージに絵文字を入れよう

LINEでは、絵文字やデコ文字をテキストと組み合わせて入力することができます。また、サジェスト機能で、絵文字・デコ文字の入力がかんたんに行えます。

## 💬 絵文字を入力して送信する

① P.36 〜 39を参考に友だちのトークルームを表示し、☺をタップします。

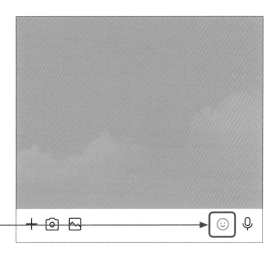

**タップする**

② 任意の絵文字アイコンをタップして、入力したい絵文字をタップすると、入力されます。

**② タップする**　　**① タップする**

3個以内のLINE絵文字を送るとスタンプのように大きく表示されます

スタンプが表示される場合は、◯をタップして◯に切り替えます。

③ 絵文字アイコンを左方向に
スワイプし、「A」や「あ」
のアイコンをタップすると、デコ文字が表示されます。入力したいデコ文字をタップし、▶ をタップします。

④ タップする

❶ スワイプする

❷ タップする

❸ タップする

④ 入力した内容が送信されます。

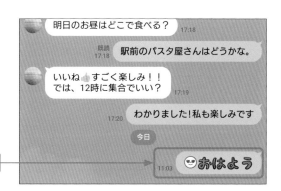

明日のお昼はどこで食べる？ 17:18

既読
17:18 駅前のパスタ屋さんはどうかな。

いいね すごく楽しみ！！
では、12時に集合でいい？ 17:19

17:20 わかりました!私も楽しみです

今日

送信される

11:03 おはよう

---

📝 **MEMO** **サジェスト機能**

テキストを入力すると、テキストに関連する絵文字・デコ文字・スタンプがキーボードの上に表示されます。タップすると入力できます。

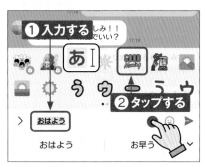

❶ 入力する

❷ タップする

おはよう

おはよう　　　　　　お早う

今日

おはよう

3個以内のLINE絵文字を送るとスタンプのように大きく表示されます

GOOD Meeting

入力される

## Section 22

# LINEのスタンプを使ってみよう

LINEでは、トークで「スタンプ」というイラストを送信できます。テキストでは伝わりにくい感情などをスタンプを用いることで伝えやすくすることが可能です。

## 💬 スタンプを送信する

① P.66手順②の画面で、絵文字が表示されている場合は●をタップして●に切り替えます。

タップして切り替える

② 任意のスタンプアイコンをタップし、送信したいスタンプをタップします。

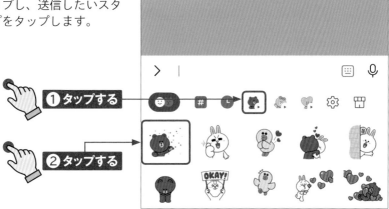

①タップする

②タップする

**③** 拡大されたスタンプ、または ▶ をタップします。

選択したスタンプを送るのをやめたいときは×をタップします。

**④** スタンプが送信されます。

送信される

---

📝 **MEMO** **スタンプをダウンロードする**

手順②の画面で、まだ利用したことがないスタンプは、タップすることでダウンロードが開始され利用できるようになります。

タップする

ダウンロードされる

# Section 23
# 無料のスタンプをダウンロードしてみよう

スタンプショップで販売されているスタンプは基本的に有料ですが、条件をクリアすることで入手できる無料スタンプもあります。無料スタンプには有効期限があります。

## 💬 イベントスタンプをダウンロードする

① 「ホーム」タブで[スタンプ]をタップします。

タップする

② LINEスタンププレミアムについての画面が表示された場合は、[閉じる]をタップします。

タップする

③ [無料] をタップします。

タップする

④ 一覧を上下にスワイプし、「友だち追加でスタンプGET！」と表示されている、任意のスタンプをタップします。

② タップする

---

📝
MEMO **イベントスタンプのダウンロード条件**

条件付きの無料スタンプには、公式アカウントを友だちに追加することで利用できるスタンプのほかに、サービスに登録したり、アンケートに答えたりすることでダウンロードできるようになるものもあります。

⑤ [友だち追加して無料ダウンロード]をタップすると、友だちに追加され、ダウンロードが開始されます。

友だち追加した公式アカウントからトークのメッセージが届くことがあります。

楽天市場

# 動く！お買いものパンダ

有効期間：180日間

🛡 楽天市場
最新スタンプ・セール情報などをお届け！

**👤 友だち追加して無料ダウンロード**

タップする

大人気★お買いものパンダの新作登場！いつで～使える定番のものから、思わず連打したくなるユニークなものお買いものパンダ・小パンダがトークを盛り上げます♪楽天市場公式アカウントと友だちになるともらえるよ♪配布期間2023/08/28まで

⑥ ダウンロードが終わると、「ダウンロード完了」の画面が表示されます。[OK]をタップします。

〈　ダウンロード完了　　　　　　　　✕

楽天市場

# 動く！お買いものパンダ

スタンプは自動でダウンロードされます。

**おすすめスタンプ**

タップする

**OK**

⑦ 「ダウンロード済み」と表示されます。

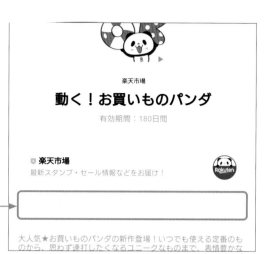

表示される

⑧ P.68を参考にスタンプを表示すると、ダウンロードしたスタンプが利用できることを確認できます。

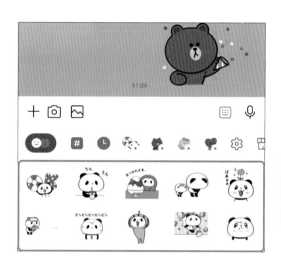

---

📝 **MEMO** **イベントスタンプの有効期限**

多くの無料スタンプには、有効期限が設定されています。有効期間が設定されているスタンプは、ダウンロードしてから有効期限の日数が過ぎると、利用できなくなります。

# 有料のスタンプをダウンロードしてみよう

有料スタンプを購入するためには、「コイン」や「LINEクレジット」をチャージする必要があります。「コイン」はスマートフォンに登録している支払い方法で購入できます。

## コインをチャージする

(1) 「ホーム」タブで ⚙ をタップし、[コイン] をタップします。

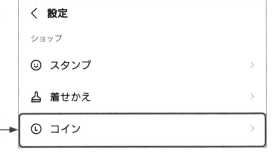

(2) [チャージ] をタップします。

(3) チャージしたいコインの金額をタップします。

### MEMO 支払い方法を設定する

Googleアカウントに支払い方法が設定されていない場合は、手順③のあとに表示される画面で支払い方法を設定することができます。

④ 支払い方法を選択し、[購入] をタップします。

⑤ 「お支払いが完了しました」画面が表示されるので、[後で] をタップします。

**📋 MEMO パスワードの入力**

手順④のあとに、Googleアカウントのパスワードを入力を求められることがあります。また、購入時に毎回認証（パスワード入力）を要求するかどうかの確認をされる場合もあります。

⑥ コインがチャージされます。

**📋 MEMO LINEポイントでもスタンプを購入できる**

アプリのダウンロードや動画の視聴などの条件を満たすことで入手できる「LINEポイント」というサービスがあります。LINEポイントを貯めて有料スタンプを購入することも可能です。

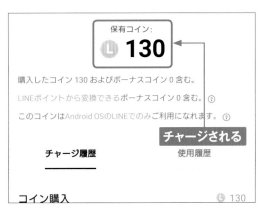

## 有料スタンプを購入する

① 「ホーム」タブで[スタンプ]をタップします。

P.68手順②の画面で囲をタップすることでもスタンプショップを表示できます。

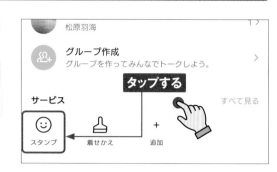

松原羽海

グループ作成
グループを作ってみんなでトークしよう。

**タップする**

サービス                                  すべて見る

☺ スタンプ    ⛏ 着せかえ    ＋ 追加

② 画面上部から任意のタブ（ここでは [カテゴリー]）をタップします。

スタンプショップ          Q ⚙ ✕

ーム    人気    新着•    無料    絵文字    **カテゴリー**

**タップする**

ちいかわなど人気キャラの
スタンプ使い放題！
初めての登録で1ヶ月無料

③ 一覧を上下にスワイプし、任意のカテゴリーをタップします。

スタンプショップ          Q ⚙ ✕

ーム    人気    新着•    無料    絵文字    **カテゴリー**

**公式** クリエイターズ

**タップする**

LINE FRIENDS (96)

④ 一覧を上下にスワイプし、購入したいスタンプをタップします。

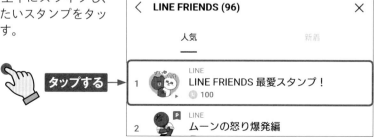

< **LINE FRIENDS (96)**          ✕

人気                        新着

**タップする**

1    LINE
     LINE FRIENDS 最愛スタンプ！
     🄲 100

2    LINE
     ムーンの怒り爆発編

⑤ [購入する] をタップします。

⑥ [OK] をタップします。

メールアドレスの登録（P.143参照）をしていない場合、登録をすすめる画面が表示されます。あとから登録できるので、ここでは [あとで] をタップします。

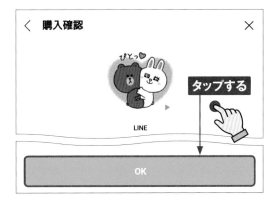

⑦ 「購入完了」画面が表示されます。[OK] をタップすると、スタンプを利用できるようになります。

📄 MEMO 「LINEクレジット」とは

有料スタンプは「LINE STORE」（https://store.line.me/home/ja）から購入することもできます。「LINE STORE」では、「LINEクレジット」をチャージすると、有料スタンプの購入やLINE関連サービスの課金ができるしくみです。なお、「LINEクレジット」はコンビニなどで買える「LINE プリペイドカード」や「モバイルSuica」などの支払い方法に対応しています。

Section

# 25

# 写真や動画を送ろう

LINEは、テキストやスタンプ以外にも、スマートフォンで撮影／保存した写真や動画を送信することができます。送信した写真や動画はトークルームに表示されます。

## 💬 写真や動画を送信する

① 「トーク」タブで写真や動画を送信したい友だちのトークルームをタップします。

タップする

② ⊠ をタップします。⊠ が表示されていない場合は、＞ をタップすると表示されます。

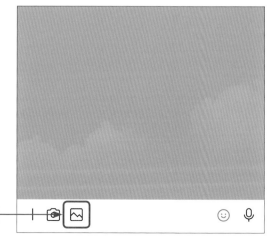

タップする

③ 送信したい写真や動画（こ
こでは写真）の右上の丸印
をタップし、▶ をタップ
します。

📝 **動画の保存期間**
MEMO

LINE上でやり取りした動画は、
一定の保存期間を過ぎると閲覧
や保存ができなくなります。

④ 写真が送信されます。写真
をタップすると大きく表示
されます。

**送信される** ⟶

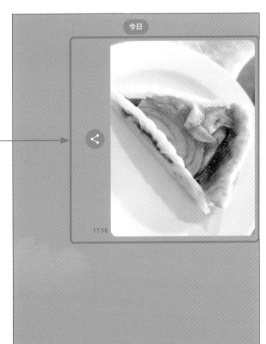

📝 **動画の場合**
MEMO

動画がトークルームに送信され
ると、動画が自動再生されます。
タップすると大きく表示されま
す。写真と同様にスマートフォ
ンへの保存も可能です。

# ボイスメッセージを送ろう

スマートフォンに向かって話しかけるだけで、ボイスメッセージを送ることができます。録音したボイスメッセージは、送信前に確認も可能です。

## ボイスメッセージを送信する

① P.36 〜 39を参考に友だちのトークルームを表示し、🎤 をタップします。

初回は音声の録音の許可画面が表示されるので、[アプリの使用時のみ]をタップします。

〈 松原羽海

タップする

＋ 📷 🖼 😊 🎤

② ・をタップします。

＋ 📷 🖼 😊 ✕

ボタンをタップして録音してください

タップする

③ ボイスメッセージを吹き込み、話し終わったら◉をタップします。

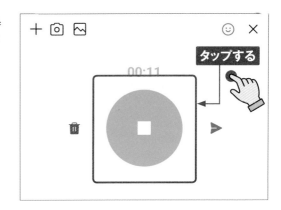

タップする

00:11

④ ▸をタップします。

タップする

00:14

◉をタップすると、録音したボイスメッセージを確認することができます。

⑤ ボイスメッセージが送信されます。メッセージ入力欄をタップすると、キーボードが表示されます。

＜ 松原羽海

今日

送信される

18:30    ▶ ||||||||||||| 00:14

📝 **テキストの音声入力**
MEMO

ここでは、録音したメッセージをそのまま送信しましたが、キーボードを表示し、🎤をタップして話しかけることで、音声をテキストに変換して送信することもできます。

81

## Section 27

# トークルームの設定を変えてみよう

トークルームは背景を自由に変更することができます。デフォルトの背景デザインが豊富に用意されているので、トークの相手ごとに背景を変更することが可能です。

## トークルームの背景を変更する

(1) P.36 ～ 39を参考に友だちのトークルームを表示し、≡→ [その他] の順にタップします。

(2) [背景デザイン] をタップします。

(3) 任意のデザインをタップします。

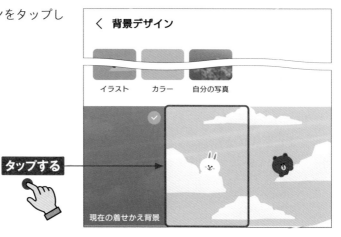

④ 「プレビュー」画面が表示されます。[適用]をタップすると、トークルームの背景デザインが変更されます。

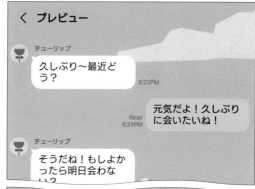

画面を左右にスワイプすると、手順③の画面に表示される背景デザインを順番に切り替えて確認できます。

---

📖 **MEMO** 写真を背景にする

デフォルトの背景デザインのほかにも、スマートフォンに保存されている写真を背景に設定することも可能です。手順③の画面で[自分の写真]をタップし、トークルームの背景にしたい写真をタップします。写真をドラッグして表示範囲を調整し、[次へ] → [完了]の順にタップすると、選択した写真を背景に設定できます。

第3章 LINEのトークでさらに楽しもう

# 送信したメッセージを取り消そう

間違えてメッセージや写真を送ってしまった場合は、送信から24時間以内であれば送信を取り消せます。相手のトークルームからもメッセージは削除されます。

## 送信したメッセージや写真を取り消す

① P.36 ～ 39を参考に友だちのトークルームを表示し、送信を取り消したいメッセージまたは写真をロングタッチします。

ロングタッチする

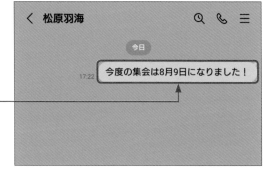

② [送信取消] をタップします。

タップする

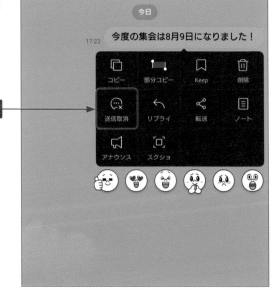

③ [送信取消] をタップします。

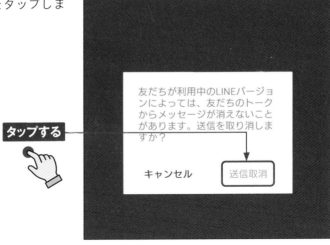

タップする

友だちが利用中のLINEバージョンによっては、友だちのトークからメッセージが消えないことがあります。送信を取り消しますか?

キャンセル　　送信取消

④ 送信が取り消され、相手のトークルームからも削除されます。

「メッセージの送信を取り消しました」のメッセージは、相手のトークルームにも表示されます。

今日

メッセージの送信を取り消しました

取り消される

---

📝 MEMO　**送信から24時間経過した場合**

メッセージや写真を送信してから24時間以上経過した場合、メッセージや写真をロングタッチした際に表示される画面に、手順②の画面のような [送信取消] は表示されず、メッセージの送信取り消しをすることができません。メッセージや写真の送信を取り消したい場合は、24時間以内に行いましょう。

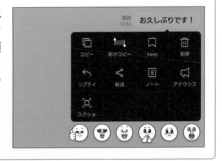

第3章 LINEのトークでさらに楽しもう

# トークの履歴を削除しよう

トークルームのメッセージや写真は削除することができますが、送信の取り消し（P.84参照）とは異なり、相手のトークルームからは削除されません。

## メッセージや写真を削除する

① P.36 ～ 39を参考に友だちのトークルームを表示し、削除したいメッセージまたは写真をロングタッチします。

ロングタッチする

② ［削除］をタップします。

タップする

③ ［削除］をタップします。

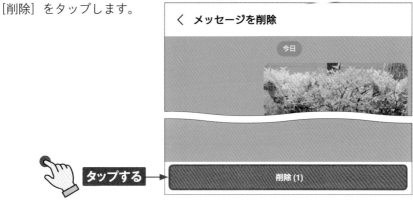

＜ メッセージを削除

今日

**タップする** → 削除（1）

④ ［削除］をタップします。

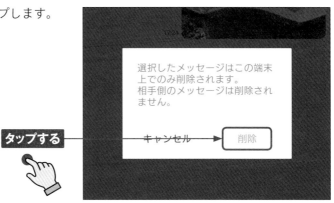

選択したメッセージはこの端末
上でのみ削除されます。
相手側のメッセージは削除され
ません。

**タップする** → キャンセル　削除

⑤ 手順①で選択したメッセージや写真が削除されます。なお、自分のトークルームからは削除されますが、相手のトークルームからは削除されません。

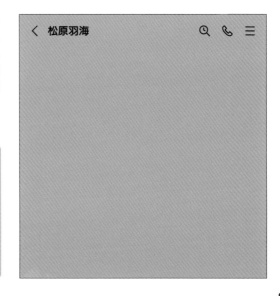

＜ 松原羽海　　Q & ≡

📋 **相手のトークルームから削除したい場合**
MEMO

送信したメッセージや写真を相手のトークルームからも削除したい場合は、手順②の画面で［送信取消］をタップします（P.84参照）。

# Section 30 ノートを作って友だちと大事なことを共有しよう

LINEでは、「ノート」という機能が使えます。ノートに投稿した写真やテキストはいつでもかんたんに閲覧できます。大切な情報や写真の共有に利用しましょう。

## ノートを作成する

① P.36 ～ 39を参考に友だちのトークルームを表示し、≡をタップします。

〈　松原羽海　　　　　　　　🔍　📞　≡

**タップする**

② ［ノート］をタップします。

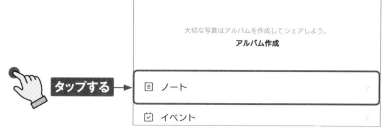

▣ アルバム　　　　　　　　　　　　　　　　　＞

大切な写真はアルバムを作成してシェアしよう。
**アルバム作成**

▤ ノート　　　　　　　　　　　　　　　　　　＞

☑ イベント　　　　　　　　　　　　　　　　　＞

**タップする**

③ ●をタップします。

＋

**タップする**

④ [投稿] をタップします。

⑤ ノートの内容を入力し、[投稿] をタップします。

ノートには、写真や動画、位置情報などを投稿することもできます。

⑥ ノートが投稿されます。

投稿される

---

**📝 MEMO ノートにコメントする**

手順⑥の画面で、投稿されているノートの😊をタップし、コメントの内容を入力して▶をタップすると、ノートにコメントすることができます。

# アルバムを作って友だちと写真を共有しよう

「アルバム」機能を利用すると、複数の写真をまとめて共有できます。アルバムを作成したあとも、写真の追加やアルバム名の変更が可能です。

## アルバムを作成する

① P.36 ～ 39を参考に友だちのトークルームを表示し、≡をタップします。

タップする

② ［アルバム］をタップします。

タップする

③ ⊕をタップします。

タップする

④ アルバムに追加したい写真の右上の丸印をタップし、[次へ]をタップします。

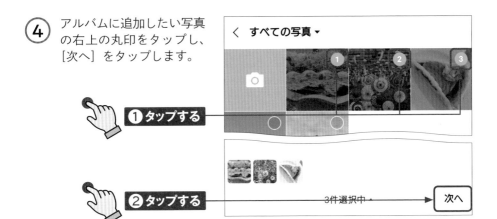

❶タップする

❷タップする　3件選択中・ → 次へ

⑤ アルバム名を入力し、[作成]をタップすると、アルバムが作成されます。

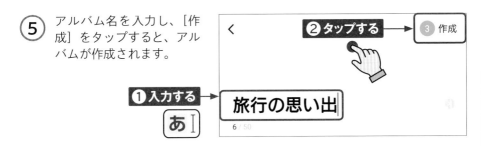

❷タップする → ③ 作成

❶入力する → 旅行の思い出

あ

6 / 50

---

### 📝 MEMO　アルバムを閲覧する

すでに作成したアルバムがある場合、手順②の画面で[アルバム]をタップし、アルバム名をタップすると、アルバム内の写真を閲覧できます。閲覧したい写真をタップすると大きく表示されます。また、画面右上の⊡をタップすると、すべてのトークルームのアルバムをまとめて閲覧できます。

タップする

タップする

旅行の思い出
3

第3章　LINEのトークでさらに楽しもう

# 友だちからの写真を スマートフォンに保存しよう

友だちから送られてきた写真はトークルームに表示され、スマートフォンへの保存が可能です。動画には保存期間があり、保存期間を過ぎると閲覧できなくなります。

## 写真や動画を保存する

(1) P.36 ～ 39を参考に友だちのトークルームを表示し、送信された写真や動画をタップします。

**タップする**

(2) 写真や動画が大きく表示されます。📥をタップします。

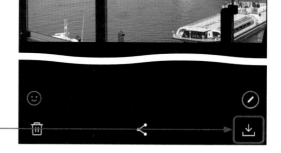

**タップする**

(3) 写真や動画がスマートフォンに保存されます。

保存しました。

## 写真や動画をまとめて保存する

① P.36 ~ 39を参考に友だちのトークルームを表示し、≡をタップします。

**タップする**

② [写真・動画]をタップします。

**タップする**

③ 友だちとやり取りした写真や動画が一覧表示されます。[選択]をタップします。

**タップする**

④ 保存したい写真や動画の右上の丸印をタップして選択し、⤓をタップすると、写真や動画がまとめてスマートフォンに保存されます。

**① タップする**

**② タップする**

第3章　LINEのトークでさらに楽しもう

# 知らない相手からの
# メッセージを拒否しよう

LINEには、友だち以外からのメッセージの受信を拒否する機能があります。友だちのみとメッセージのやり取りをしたい場合は設定しましょう。

## 💬 知らない人からのメッセージが届かないようにする

① 「ホーム」タブで⚙をタップします。

**タップする**

② [プライバシー管理] をタップします。

**タップする**

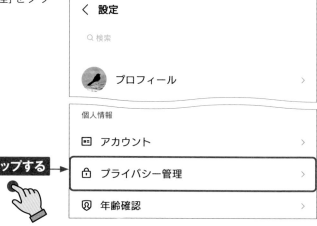

③ ［メッセージ受信拒否］が
無効の場合はタップしま
す。

< **プライバシー管理**

**パスコードロック**

パスコードを忘れた場合は、LINEのアプリを削除して再インストールして下さい。
その場合過去のトーク履歴はすべて削除されますのでご注意下さい。

**IDによる友だち追加を許可**

他のユーザーがあなたのIDを検索して友だち追加することができます。

**タップする** ➡

**メッセージ受信拒否**
友だち以外からのメッセージの受信を拒否します。

**Letter Sealing**

メッセージは高度な暗号化によって保護されます。 Letter Sealingは友だちがその機能を有効にしている場合に限りトークで利用できます。

④ 「メッセージ受信拒否」が
有効になると、友だち以外
の人からのメッセージが届
かなくなります。

< **プライバシー管理**

**パスコードロック**

パスコードを忘れた場合は、LINEのアプリを削除して再インストールして下さい。
その場合過去のトーク履歴はすべて削除されますのでご注意下さい。

**有効になる**

**IDによる友だち追加を許可**

他のユーザーがあなたのIDを検索して友だち追加することができます。

**メッセージ受信拒否**
友だち以外からのメッセージの受信を拒否します。

**Letter Sealing**

メッセージは高度な暗号化によって保護されます。 Letter Sealingは友だちがその機能を有効にしている場合に限りトークで利用できます。

グループのメンバーと
個人的にトークをやり
取りする可能性がある
場合は、友だち追加さ
れていないメンバーが
いないか確認しておき
ましょう（P.108 ～
109参照）。

95

Section

# 34

# トークの履歴を 非表示にしよう

トークルームは非表示にすることができます。非表示にしてもトークルーム内のメッセージなどは削除されないので、「トーク」タブを整理したいときに役立ちます。

## 💬 トークを非表示にする

① 「トーク」タブでトークの履歴を非表示にしたいトークルームをロングタッチします。

② ［非表示］をタップします。

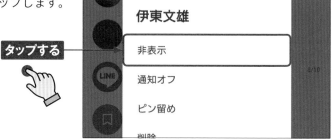

③ ［非表示］をタップすると、トークルームが非表示になります。

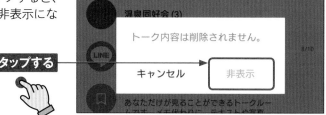

第 **4** 章

# LINEのグループを
# 作ろう

# 多人数でのトークにはグループが便利！

LINEでは、1対1のトークだけでなく、複数人の友だちでグループを作成し、コミュニケーションを取ることができます。大人数での会話を楽しみましょう。

## 複数の友だちと交流ができる

LINEは、1対1のやり取りだけでなく、複数の友だちと同時に交流できる「グループ」機能が備わっています。1対1のやり取りと同様に、テキストやスタンプ、写真などを送信してコミュニケーションを取ることができます。グループに送信したメッセージは、グループのメンバー全員が見られるようになっているので、大人数に共通の連絡事項を送信したいときに便利です。また、グループでは大人数での音声通話やビデオ通話も利用できます（P.130参照）。仲のよい友だちどうしのグループや、家族とのグループ、会社の同僚とのグループなど、メンバーや関係性によって使い分けることが可能です。なお、1つのグループに招待できるメンバー数は最大499人です（2023年10月現在）。

# グループトークの特徴

グループ作成時に「友だちをグループに自動で追加」をオンにしておくと、友だちのグループ参加表明を待たずにトークを始めることが可能です。「友だちをグループに自動で追加」をオフにして作成した場合は、グループに招待された友だちがグループへ参加するかどうかを決めることができます。招待する相手との関係性やグループトークの目的によって使い分けましょう。

また、グループ招待用のQRコードやリンクを共有することで、友だち以外のユーザーをグループに招待することもできます（相手が18歳以上で年齢確認を実施している必要があります）。

第
4
章

LINEのグループを作ろう

## ● グループトーク

> グループトークでは、トークはもちろん、アルバムの作成や音声通話などのさまざまな機能を利用できます。また、「友だちをグループに自動で追加」のオンとオフはいつでも切り替えることができます。

## ● グループトークでできること

| トーク | ○ |
|---|---|
| 招待 | 必要 |
| 参加の表明 | 選択可能 |
| アルバムの作成 | ○ |
| ノートの作成 | ○ |
| 音声通話 | ○ |
| ビデオ通話 | ○ |
| ほかのメンバーの退会 | ○ |

# 自分のグループを作ろう

グループを作成すると、そのグループに参加しているメンバーでコミュニケーションを
取ることができます。グループを作成し、友だちを招待してみましょう。

第4章　LINEのグループを作ろう

## 💬 グループを作成する

① 「ホーム」タブで「友だち
リスト」の［すべて見る］
をタップします。

② ［グループ］→［グループ
作成］の順にタップします。

③ グループに招待したい友だちをタップして選択します。

タップする

招待したい友だちが見つからないときは、検索欄に友だちの名前を入力してみましょう。

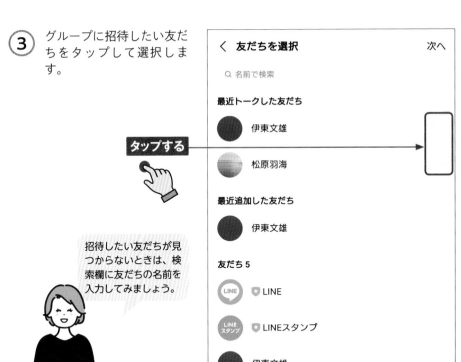

〈 友だちを選択　　　　　次へ

Q 名前で検索

**最近トークした友だち**

伊東文雄

松原羽海

**最近追加した友だち**

伊東文雄

**友だち 5**

LINE　　🛡 LINE

LINE
スタンプ　🛡 LINEスタンプ

伊東文雄

④ ［次へ］をタップします。

タップする

〈 選択中 2　　　　　次へ

Q 名前で検索

伊東…　松原…

**最近トークした友だち**

伊東文雄　　　　　　　✓

松原羽海　　　　　　　✓

**最近追加した友だち**

伊東文雄　　　　　　　✓

**友だち 5**

LINE　　🛡 LINE

**⑤** グループ名を入力し、「友だちをグループに自動で追加」の●をオフにして、[作成]をタップすると、グループが作成されます。

 **①入力する**

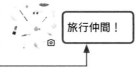

**③タップする**

**②オフにする**

**⑥** ☰をタップします。

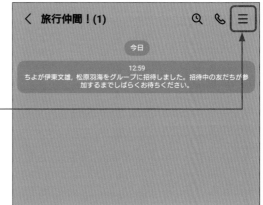

**タップする**

**⑦** [メンバー] をタップします。

**タップする**

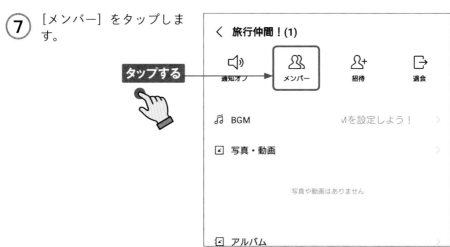

**8** 招待した友だちのグループ
への参加状況が表示されま
す。

〈 旅行仲間！(1)　　　　　　　編集

Q 名前で検索

**メンバー(1)**

＋　友だちを招待

**表示される** ➡

　ちよ
　LINEはじめました！

**招待中(2)**

　伊東文雄

　松原羽海
　旅行好き

---

📋 **MEMO　招待した友だちがグループに参加すると**

グループを作成したあと、招待した友だちがグループに参加すると、スマートフォン
のステータスバーに通知が表示されます。また、グループのトークルームには、誰が
いつグループに参加したのかが表示されます。グループ名の横に表示されている数字
は現在グループに参加している友だちの人数を表しています。

**表示される**

## 💬 「トーク」タブからグループを作成する

**1** 「トーク」タブで😊をタップします。

**2** [グループ]をタップします。

**3** トークをしたい友だちをタップして選択し、[次へ]をタップします。

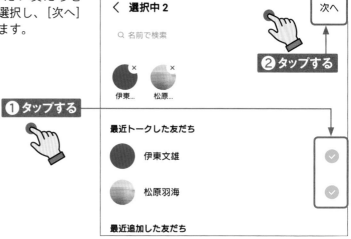

④ 「友だちをグループに自動で追加」がオンの状態で[作成]をタップします。

タップする

グループ名を入力しないと、グループメンバーの名前がグループ名に設定されます。

⑤ 友だちが追加された状態でグループが作成されます。

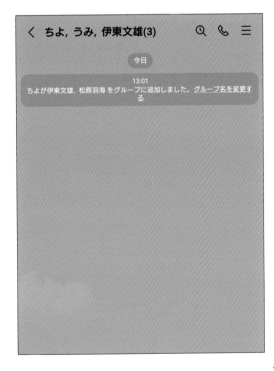

## Section 37 友だちのグループに参加しよう

グループに招待されると、「ホーム」タブの「グループ」欄に「招待されているグループ」が追加されます。グループに参加して、メンバーと交流しましょう。

### 💬 招待されたグループに参加する

① 「ホーム」タブで「友だちリスト」の[すべて見る]をタップします。

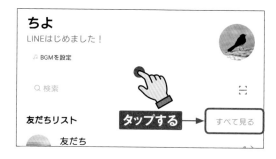

② [グループ] → [招待されているグループ]の順にタップします。

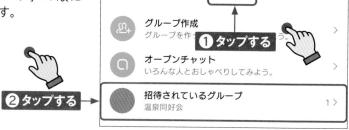

③ 招待されている任意のグループをタップします。

④ [参加] をタップします。

グループへの参加を辞退した
い場合は、[拒否] を選ぶこ
ともできます。

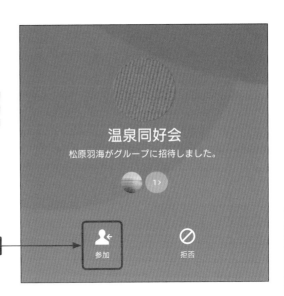

温泉同好会
松原羽海がグループに招待しました。

タップする → 参加　　　拒否

⑤ [グループ表示] をタップ
します。

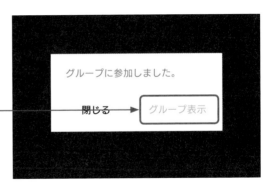

グループに参加しました。

タップする → 閉じる　　グループ表示

⑥ グループのトークルームが
表示されます。

< 温泉同好会(2)　　　🔍 📞 ☰

今日

17:58
松原羽海がかずお、ちよをグループに招待しました。招待中の友だちが参加
するまでしばらくお待ちください。

17:59
ちよがグループに参加しました。

## Section 38

# グループメンバーを確認しよう

「グループ」画面では、グループに参加しているメンバーを確認できます。任意のメンバーをタップすることで、プロフィールの閲覧も可能です。

### 💬 グループメンバーを確認する

① 「ホーム」タブで「友だちリスト」の［グループ］をタップします。

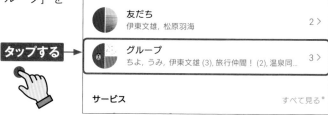

② 任意のグループをタップします。

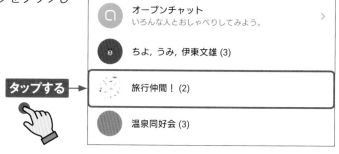

③ 🖼（グループに参加しているメンバーの人数によって数字は変わります）をタップします。

④ グループに参加しているメンバーが表示されます。プロフィールを確認したいメンバーをタップします。

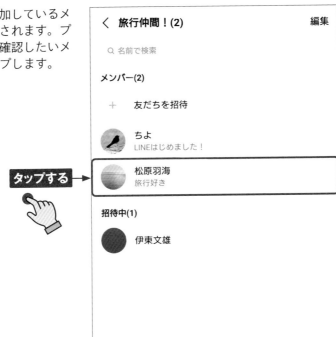

< 旅行仲間！(2)　　　　　　編集

Q 名前で検索

メンバー(2)

＋　友だちを招待

　ちよ
　LINEはじめました！

**タップする →**　松原羽海
　旅行好き

招待中(1)

　伊東文雄

⑤ 手順④で選択したメンバーのプロフィールが表示されます。

この画面で［トーク］をタップすると、メンバーと1対1のトークができます。

松原羽海
旅行好き >

💬　　　　📞　　　　🎥
トーク　　音声通話　　ビデオ通話

LINE VOOM投稿　　　　　　　＞

# グループに友だちを招待しよう

作成したグループには、いつでも新たに友だちを招待できます。1人ずつ招待することもできますが、2人以上をまとめて招待することも可能です。

## 💬 友だちをグループに招待する

**1** P.109手順④の画面で［友だちを招待］をタップします。

**タップする**

> 〈 旅行仲間！(2)　　　　　　編集
>
> 🔍 名前で検索
>
> メンバー(2)
>
> ＋　友だちを招待
>
> ● ちよ

**2** 招待したい友だちをタップします。

**タップする**

> 🔍 名前で検索
>
> 最近トークした友だち
>
> ● 伊東文雄
>
> ● 松原羽海

---

📝 **MEMO**　**参加するまでトークはできない**

グループを作成したときに「友だちをグループに自動で追加」がオフの場合（P.102参照）、友だちに招待メッセージを送っても、友だちがグループへの参加を表明するまでは、グループ内でその友だちとトークできません。「友だちをグループに自動で追加」の切り替えは、グループのトークルームで☰→［その他］→［友だちをグループに自動で追加］の順にタップすると、あとから好きなタイミングでオン／オフを設定できます。

③ [招待] をタップします。

④ 招待した友だちに招待メッセージが送信され、「招待中」欄に友だちが追加されます。

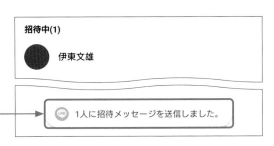

送信される

## QRコードでグループに招待する

① P.110手順②の画面で [QRコード] をタップします。

タップする

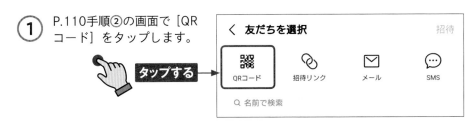

② グループ招待用のQRコードが表示されるので、グループに招待したい相手に読み取ってもらいます。

招待される側は、「ホーム」タブの検索欄右にある⛌をタップしてQRコードを読み取り、[参加] をタップしましょう。なお、QRコードでグループに参加するには、年齢確認が必要です（P.47参照）。

# Section 40 グループにメッセージを送ろう

グループにメッセージを送信すると、グループに参加しているすべてのメンバーがそのメッセージを確認することが可能です。大人数でもスムーズに情報交換ができます。

## グループトークを始める

**①** P.108手順③の画面で[トーク]をタップします。

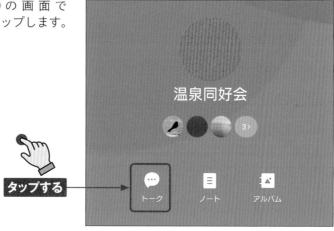

温泉同好会

タップする

トーク　ノート　アルバム

**②** 入力欄をタップします。

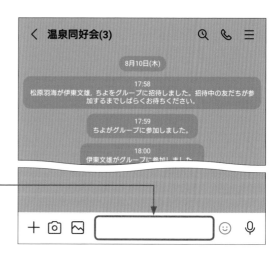

< 温泉同好会(3)

8月10日(木)

17:58
松原羽海が伊東文雄，ちよをグループに招待しました。招待中の友だちが参加するまでしばらくお待ちください。

17:59
ちよがグループに参加しました。

18:00
伊東文雄がグループに参加しました。

タップする

③ 入力欄にメッセージの内容
を入力し、▶をタップしま
す。

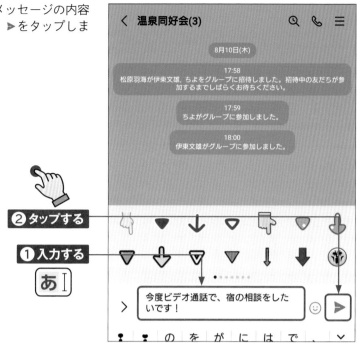

**②タップする**

**①入力する**

あ

今度ビデオ通話で、宿の相談をした
いです！

④ メッセージが送信され、メ
ンバーがメッセージを読む
と「既読」と表示されます。

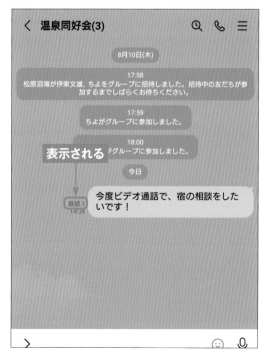

**表示される**

グループでメッセージを送
信した場合、「既読」の横
に数字が表示されます。こ
の数字は、そのメッセージ
を読んだメンバーの人数を
表します。

# グループのアイコンを変更しよう

グループ作成時、アイコンが自動的に設定されますが、ほかのアイコンに設定したり、スマートフォンに保存されている写真をアイコンに設定したりすることも可能です。

## 💬 グループのアイコンを変更する

① 「トーク」タブで、アイコンを変更したいグループをタップします。

タップする

② グループのトークルームが表示されます。≡をタップします。

タップする

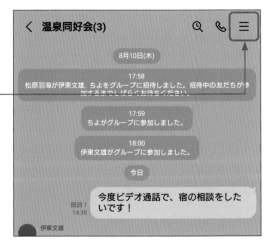

③ [その他] をタップします。

〈 温泉同好会(3)

🔊 通知オフ　🐧 メンバー　🐧+ 招待　🔀 退会

🎵 BGM　　　　　　しよう！　BGM ＞

▣ 写真・動画　　　　　　　　　　　　＞

写真や動画はありません

🗓 イベント　　　　　　　　　　　　＞

🔗 リンク　　　　　　　　　　　　　＞

📁 ファイル　　　　　　　　　　　　＞

タップする →

⚙ その他　　　　　　　　　　　　　＞

④ グループのアイコンをタップします。

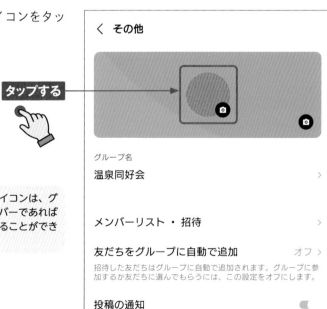

〈 その他

タップする →

📷

グループ名
温泉同好会　　　　　　　　　　　　＞

メンバーリスト ・ 招待　　　　　　＞

友だちをグループに自動で追加　オフ ＞

招待した友だちはグループに自動で追加されます。グループに参加するか友だちに選んでもらうには、この設定をオフにします。

投稿の通知　　　　　　　　　　　◖

ノートへのリアクションやコメントの通知を受信します。

グループのアイコンは、グループのメンバーであれば誰でも変更することができます。

115

⑤ [プロフィール画像を選択] をタップします。

タップする

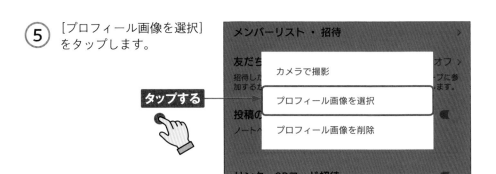

⑥ グループのアイコンにしたい画像（ここでは [写真を選択]）をタップします。

タップする

⑦ グループのアイコンにしたい写真をタップします。

タップする

⑧ 枠の四隅を上下左右にドラッグして写真の表示範囲を調整し、[次へ]をタップします。

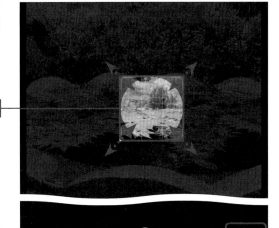

**①ドラッグする**

**②タップする**　　　　　　次へ

⑨ [完了]をタップします。

**タップする**　　　　　　完了

⑩ グループのアイコンが変更されます。

右側の◎をタップすると、手順⑦以降の手順を参考にして背景画像を設定することができます。

‹ その他

**変更される**

グループ名

温泉同好会　　　　　　　›

117

# グループの設定を変更しよう

グループの名前やトークルームの背景デザインは変更することができます。なお、背景の変更は自分だけに適用され、ほかのメンバーの背景は変更されません。

## 💬 グループ名を変更する

**(1)** P.115手順④の画面で［グループ名］タップします。

くその他

タップする

グループ名
温泉同好会　　　　　　　　　　　　 ＞

**(2)** 任意のグループ名を入力し、[保存]をタップします。

く　グループ名

あ｜ ❶入力する

9/50

温泉好きの集まり。｜

❷タップする

保存

**(3)** グループ名が変更されます。

変更される

グループ名
温泉好きの集まり。　　　　　　　　 ＞

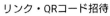 グループのトークルームの背景デザインを変更する

① P.115手順④の画面で［背景デザイン］をタップします。

**リンク・QRコード招待**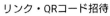

グループリンクとQRコードを通じてこのグループに参加できるようにします。

 タップする ➤ 背景デザイン ＞

② 任意のデザインをタップします。

［自分の写真］をタップすると、スマートフォンに保存されている写真をトークルームの背景デザインに設定することもできます。

〈 背景デザイン

イラスト　カラー　自分の写真

タップする

③ ［適用］をタップすると、グループのトークルームの背景デザインが変更されます。

〈 プレビュー

りんこ

久しぶり〜最近どう？
8:23PM

Read
8:23PM
元気だよ！久しぶりに会いたいね！

りんこ

8：36

 タップする ➤ キャンセル 適用

# Section 43
# グループでアルバムを作ろう

グループでもアルバムを作成し、写真を保存することができます。グループのメンバーと共有したい写真はアルバムにまとめましょう。

## グループでアルバムを作成する

① P.108手順③の画面で［アルバム］をタップします。

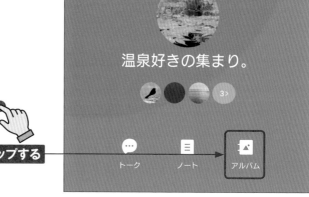

温泉好きの集まり。

タップする

トーク　ノート　アルバム

② ◎をタップします。

アルバムを作成すると、この画面にアルバムが一覧表示されます。

タップする

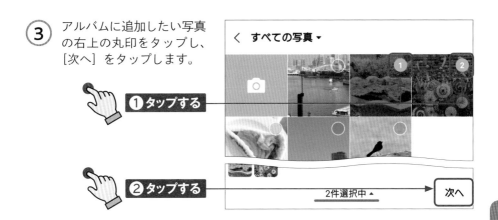

③ アルバムに追加したい写真
の右上の丸印をタップし、
［次へ］をタップします。

**① タップする**

**② タップする**

〈 **すべての写真 ▾**

2件選択中 ▲　　　　**次へ**

④ アルバム名を入力し、［作
成］をタップすると、アル
バムが作成されます。

**② タップする**

〈　**① 入力する**　あ

福井旅行
4 / 50

② 作成

---

📝 **MEMO**　**アルバムを閲覧する**

手順②の画面で閲覧したいアルバム名をタップすると、アルバム内の写真を閲覧でき
ます。閲覧したい写真をタップすると、大きく表示されます。

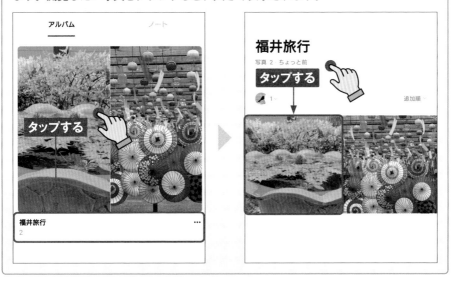

アルバム　　　　　　ノート

**タップする**

福井旅行
2

福井旅行
写真 2　ちょっと前
**タップする**

1 ▾　　　　　　　　追加順 ▾

# グループを退会しよう

グループはいつでもかんたんに退会することができます。グループ作成者などの許可は必要ありません。退会したことはグループのトークルームに通知されます。

## 💬 グループを退会する

(1) P.114を参考にグループのトークルームを表示し、≡をタップします。

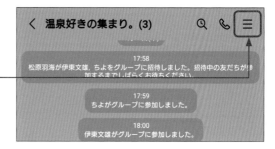

(2) [退会] をタップします。

(3) [はい] をタップすると、グループを退会します。

グループを退会すると、グループメンバーリストとグループトークの履歴がすべて削除されます。
グループを退会しますか？

いいえ　　はい

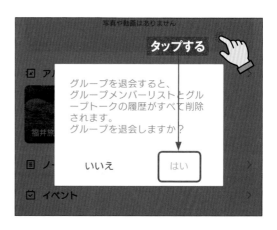

---

📝 MEMO **グループを退会すると**

グループを退会すると、自分のスマートフォンから退会したグループの履歴がすべて削除されます。

第**5**章

# LINEの無料通話や
# 動画視聴を楽しもう

# Section 45

# 通話をすれば 会話はさらに盛り上がる！

LINEでは、テキストなどによる「トーク」だけでなく、音声通話やビデオ通話も無料で利用できます。友だちに追加している相手であればすぐに通話を始められます。

第5章 LINEの無料通話や動画視聴を楽しもう

## 友だちと無料で通話できる

LINEには、テキストやスタンプを送り合う「トーク」のほかにも、無料で音声通話やビデオ通話ができる「無料通話」という機能もあります。相互に友だち追加している相手であれば、いつでも無料で通話を始めることができます。何時間通話をしても通話料が発生することはありません。「トーク」と同様に、1対1での通話だけでなく、複数人で同時に通話をすることも可能です。この章では、トークから無料通話への切り替えやビデオ通話を利用する方法などを紹介します。

LINEの無料通話であれば、電話料金を気にすることなく利用できるので、気軽に友だちと通話を楽しむことができます。

ビデオ通話も電話料金は発生しません。遠方の家族や友だちと顔を合わせながら通話したいときなどに便利です。

LINEの「無料通話」に通話料が発生しない理由は、通常スマートフォンや固定電話が電話回線を使って通話しているのに対して、LINEの「無料通話」はインターネット回線を使って通話を実現しているからです。ただし、インターネットに接続するためのパケット通信料が無料になるわけではないので、従量課金制のデータ通信を使用している場合は注意が必要です。

● **スマートフォンの電話**　　　　　● **LINEの「無料通話」**

> スマートフォンや固定電話は電話回線を使用して通話をするため、通話料が必要となります。

> インターネット回線を使用して通話をするため、インターネット環境があれば無料で通話できます。

LINEの無料通話は、インターネット環境があれば利用することができますが、移動中や電波が制限されるような建物の中、通信環境の混雑など、場所や時間によっては安定した通話ができないことがあります。通話中に音声が途切れたり、不明瞭になったりする事態を避けるためには、Wi-Fi接続が可能な自宅など、インターネット通信が安定している場所を選ぶことも大切です。

## Section

# 46

# 友だちと無料通話をしよう

お互いに友だちに追加している相手なら無料で通話をすることができます。なお、通話で使用するデータの料金はかかります。

## 音声通話を発信する

① P.36 〜 39を参考に音声通話したい友だちのトークルームを表示し、📞をタップします。

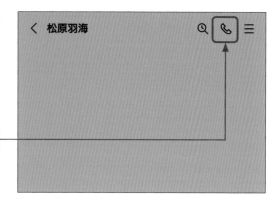

**タップする**

② [音声通話] をタップします。許可を求める画面が表示された場合は、[アプリの使用時のみ] などをタップします。

**タップする**

### MEMO プランに加入している場合

最近は、決められた料金で1ヶ月何ギガなど、一定のデータ量が使えますので、そのプランに加入していれば、追加料金は不要です。

③ 呼び出し中の画面が表示されます。

④ 相手が応答すると、音声通話が始まります。音声通話を終了する場合は、 ⊗ をタップします。

タップする

---

📝 **通話時間を確認する**
MEMO

通話を行うと、トークルームに通話履歴が表示されます。通話履歴には通話時刻と通話時間が表示され、相手が応答しなかった場合は「応答なし」と表示されます。

# Section 47

# 友だちと ビデオ通話をしよう

LINEでは、相手の顔を見ながら通話できる「ビデオ通話」も無料で利用することができます。なお、通話で使用するデータの料金はかかります。

## 💬 ビデオ通話を発信する

（1）P.36 〜 39を参考にビデオ通話したい友だちのトークルームを表示し、📞をタップします。

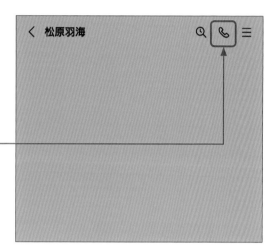

タップする

（2）［ビデオ通話］をタップします。許可を求める画面が表示された場合は、［アプリの使用時のみ］などをタップします。

タップする

③ 相手を呼び出しています。

松原羽海

④ 相手が応答すると、ビデオ通話が始まります。通話を終了する場合は、❌をタップします。

タップする

---

📝 **着信に応答する**
MEMO

友だちから無料通話の着信があったら、応答して通話を始めましょう。スマートフォンの起動中に着信があった場合は、[応答]をタップすると通話が始まります。通話している間、画面には通話時間が表示されます。❌をタップすると通話が終了します。スマートフォンのスリープ中に着信があった場合は、📞を右方向にスワイプすることで応答できます。

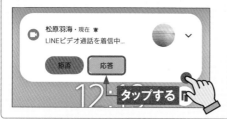

松原羽海・現在
LINEビデオ通話を着信中…

拒否　　応答

タップする

スワイプする

---

## Section 48

# 複数の友だちと通話やビデオ通話をしよう

複数人トークやグループでも無料で音声通話やビデオ通話ができます。1人が通話を始め、ほかのメンバーが参加することで複数人での通話を開始できます。

## グループで通話する

① P.114を参考に通話したいグループのトークルームを表示し、📞をタップします。

タップする

② ここでは[音声通話]をタップします。

[ビデオ通話]をタップすると、グループビデオ通話が始まります。

タップする

③ グループ通話の画面が表示
され、通話が始まります。

④ ほかのメンバーが通話に参
加すると、参加したメン
バーのアイコンが表示され
ます。グループ通話から離
脱したい場合は、[退出]
をタップします。

**タップする**

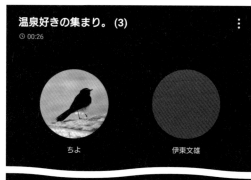

---

📝 **MEMO** **グループ通話に参加する**

複数人トークやグループでほかのメンバーによって通話が開始された場合、トーク
ルームの上部、または通知の[参加]をタップし、[参加]をタップすると、グルー
プ音声通話に参加できます。

**タップする**

**タップする**

第5章　LINEの無料通話や動画視聴を楽しもう

# ビデオ通話のカメラや マイクをオフにしよう

ビデオ通話の利用中、カメラやマイクをオフにすることができます。いつでもオンとオフを切り替えられるので、通話の途中で離席したいときなどに利用しましょう。

## カメラをオフにする

① P.36 ～ 39を参考にビデオ通話したい友だちのトークルームを表示し、📞→［ビデオ通話］の順にタップします。

タップする

② 相手が応答すると、ビデオ通話が始まります。［カメラをオフ］をタップします。

タップする

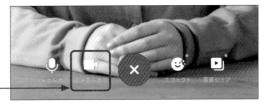

③ カメラがオフになります。［カメラをオン］をタップすると、再びカメラがオンになります。

**MEMO アイコンが 表示されない場合**

画面に［カメラをオフ］などのアイコンが表示されていない場合は、画面をタップするとアイコンが表示されます。

タップする

132

## マイクをオフにする

**1** P.132手順②の画面で、［マイクをオフ］をタップします。

 タップする

**2** マイクがオフになります。［マイクをオン］をタップすると、再びマイクがオンになります。

 タップする

---

### MEMO ビデオ通話中に表示されるアイコン

ビデオ通話中は、画面上部や下部などにアイコンが表示されます。タップすることで画面を操作できます。1対1のビデオ通話とグループビデオ通話で一部表示が異なります。

| | | | |
|---|---|---|---|
| ⊞ | 通話画面の表示方法を切り替えることができます（グループビデオ通話のみ）。 | 🎤 | マイクのオン／オフを切り替えます。 |
| 📷 | 前面側カメラと背面側カメラを切り替えます。 | 🎥 | カメラのオン／オフを切り替えます。 |
| ⋮ | 参加メンバーの確認や画面の向きの設定ができます。 | 😊 | スタンプの送信やエフェクト、フィルター、背景を設定できます。 |
| ☺ | スタンプを送ることができます（グループビデオ通話のみ）。 | ▶ | YouTubeの動画を一緒に見たり画面共有したりできます。 |

# 50 ショート動画を 視聴したい！

LINE VOOMでは、LINEユーザーが投稿したショート動画を視聴することができます。気に入ったショート動画があれば、ユーザーをフォローしましょう。

## 💬 LINE VOOMでショート動画を視聴する

① 「ホーム」タブなどで［VOOM］をタップします。

ちよ

LINEはじめました！

🎵 BGMを設定

🔍 悩み相談オープンチャット ＞

タップする

ホーム　トーク　VOOM　ニュース　ウォレット

② 「VOOM」タブの「おすすめ」画面が表示され、LINE VOOMに投稿された人気のショート動画などが自動的に再生されます。

おすすめ　フォロー中

③ 画面を上方向にスワイプすると、別のショート動画が再生されます。ショート動画の投稿ユーザーをフォローしたいときは、[フォロー]をタップします。

「フォロー機能のヒント」画面が表示された場合は、[OK]をタップします。

① スワイプする

② タップする

フォロー

④ 表示が「フォロー中」に変わり、ユーザーのフォローが完了します。

フォローしたユーザーの投稿は、「フォロー中」画面で閲覧できます。

フォローが完了する

フォロー中

---

 **MEMO** フォローと友だちの違い

LINE VOOMは、LINEの友だちではなく、フォロー関係でつながるサービスです。LINEの友だちとは異なり、フォローしたユーザーとトークをすることはできないので注意しましょう。また、「フォロー中」画面では、フォローしたユーザーのストーリーを閲覧することもできます。

第5章 LINEの無料通話や動画視聴を楽しもう

135

## Section

# 51

# モードを変更しよう

ビデオ通話画面の表示をグリッドビューまたはフォーカスビューから選択できます。用途などによって使い分けましょう。

## グリッドビューとフォーカスビューを切り替える

(1) P.128を参考に友だちとのビデオ通話を開始し、■→[グリッドビューで表示] の順にタップします。

 **タップする**

(2) グリッドビューで表示されます。もう一度、■をタップし、[フォーカスビューで表示] をタップすると手順①の画面に戻ります。

---

**MEMO スワイプでも表示の変更が可能**

[グリッドビューで表示] や [フォーカスビューで表示] をタップしなくても、ビデオ通話画面を上から下方向にスワイプすることでも表示を切り替えられます。

第**6**章

# LINEで困ったときのQ&A

# 52

# 勝手に見られないよう
# パスコードをかけたい!

LINEのトークの内容や個人情報をほかの人に見られたくないときは、パスコードを設定することで対策できます。アプリの起動時にパスコードの入力画面が表示されます。

## 💬 パスコードを設定する

① 「ホーム」タブで⚙をタップします。

② [プライバシー管理] をタップします。

③ [パスコードロック] をタップして有効にします。

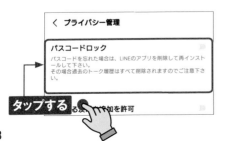

④ 設定したい任意の4桁の数字を入力します。

⑤ 手順④で入力した数字を再入力し、次の画面で [確認] をタップすると、パスコードが設定されます。

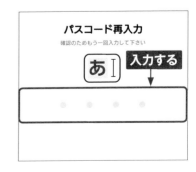

# 不要な通知を
# オフにしたい！

LINEからの通知が多い場合は、通知をオフにしましょう。ここでは、LINEの「設定」画面から通知設定を変更する方法を紹介します。

## 💬 不要な通知をオフにする

① 「ホーム」タブで⚙をタップします。

② 画面を上方向にスワイプし、[通知] をタップします。

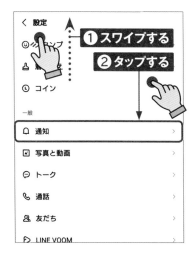

③ 通知をオフにしたい項目（ここでは [メッセージ通知]）をタップします。

④ 「通知の表示」の🔘をタップして🔘にすると、通知がオフになります。

# Section

# 54

# 通知音を変更したい！

LINEのメッセージの通知音は任意の通知音に変更できます。ほかのアプリの通知音と区別したいときなどに設定しましょう。

## 通知音を変更する

① P.139手順③の画面で［メッセージ通知］をタップします。

② ［音］をタップします（機種によって表示が異なる場合があります）。

③ 設定したい通知音→［OK］の順にタップします。

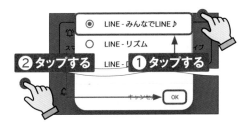

④ 通知音が変更されます。

### MEMO LINE通知音

手順①の画面で［LINE通知音を端末に追加］をタップして「LINE通知音を端末から削除」にすると、LINEのオリジナル通知音を設定することができます。

# 大切なメッセージや写真をKeepに保存したい！

覚えておきたいメッセージや気に入った写真などは「Keep」に保存することで、トークを検索しなくてもすぐに確認することができます。

## 💬 メッセージや写真をKeepに保存する

① P.36 ～ 39を参考に友だちのトークルームを表示し、保存したいメッセージや写真をロングタッチします。

③ [Keep] をタップします。

② [Keep] をタップします。

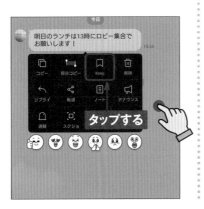

④ Keepに保存されます。

# Keepに保存したメッセージや写真を確認したい!

Keepでは、保存されたメッセージや写真などが一覧で表示されます。[写真]や[動画]などのタブをタップすることで絞り込んで表示することも可能です。

## 💬 Keepに保存したメッセージや写真を確認する

① 「ホーム」タブで⬚をタップします。

② 「Keepメモが新登場」などの画面が表示されたら[OK]をタップします。

③ Keepに保存されているメッセージや写真などが表示されます。

④ [写真]をタップすると、Keepに保存したコンテンツを写真だけに絞り込むことができます。

# Section 57

## メールアドレスを登録したい!

アカウントの引き継ぎや本人確認などをする際にメールアドレスを利用することがあります。メールアドレスの登録や変更はいつでも行えます。

### 💬 メールアドレスを登録する

① 「ホーム」タブで⚙をタップします。

② [アカウント] をタップします。

③ [メールアドレス] をタップします。

④ メールアドレスを入力し、[次へ] をタップします。

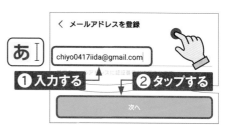

⑤ メールアドレスに送信された認証番号を入力すると、メールアドレスが登録されます。

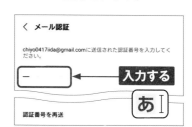

📝 **MEMO** メールアドレスの変更

次回から手順③の画面で[メールアドレス]をタップすると、メールアドレスの変更ができます。

## Section

# 58

# トーク履歴を残したい！

故障や紛失でスマートフォンの買い替えが必要になったとき、バックアップをしていないと友だちとのすべてのトーク履歴が消えてしまいます。

## 💬 トーク履歴のバックアップを行う

① 「ホーム」タブから⚙→［トークのバックアップ・復元］の順にタップします。

③ 6桁の数字を2回入力し、⬛をタップして、バックアップ用のPINコードを作成します。

② ［今すぐバックアップ］をタップします。

④ ［アカウントを選択］をタップします。

⑤ トークのバックアップを保存したいGoogleアカウントをタップし、[OK]をタップします。

⑦ [バックアップを開始]をタップします。

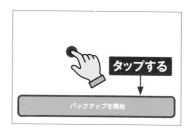

⑥ Googleアカウントへのアクセスを求める画面が表示されるので、[許可]をタップします。

⑧ バックアップが開始されます。バックアップが終わると、「完了しました」と表示され、自動的に「トークのバックアップ・復元」画面に切り替わります。

---

📝 **MEMO** **自動バックアップの頻度を設定する**

トーク履歴のバックアップを行うと、トーク履歴の自動バックアップもいっしょに設定されます。初期状態では、1週間に1回自動バックアップが行われますが、間隔を変更したい場合は、「トークのバックアップ・復元」画面で[バックアップ頻度]→[バックアップ頻度]の順にタップします。

---

145

# 知らない人から不審なメッセージがきた！

不審なメッセージを送ってきたり、迷惑行為を行ったりするアカウントはLINEに通報しましょう。悪質な場合は、アカウントを削除するなどの対応をしてくれます。

## 💬 不審なメッセージを通報する

① 通報したい相手のトークルームで三をタップします（友だちではないユーザーのトークルームの場合、[通報] をタップすると、手順④の画面が表示されます）。

② [その他] をタップします。

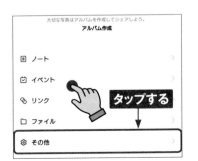

③ [通報] をタップします。

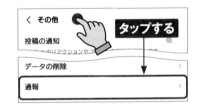

④ 任意の通報理由をタップし、[同意して送信] をタップすると、通報が完了します。

> 📝 **MEMO**　**友だち以外からのトークを拒否する**
>
> 友だち以外からのメッセージ受信を拒否するには、P.94～95を参考にして ［メッセージ受信拒否］をオンにします。

## Section

# 60

# 勝手に友だちに
# 追加されないようにしたい！

「友だちへの追加を許可」をオフにすることで、勝手に友だちに追加されないよう設定できます。なお、本書で紹介したアカウント登録手順ではオフに設定しています。

## 💬 友だちに自動追加されないようにする

① 「ホーム」タブで⚙をタップします。

② 画面を上方向にスワイプし、[友だち] をタップします。

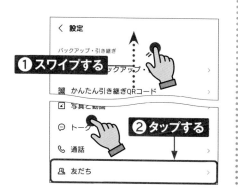

③ 「友だちへの追加を許可」が有効になっている場合は、[友だちへの追加を許可] をタップします。

④ 「友だちへの追加を許可」が無効になり、友だちに自動追加されないようになります。

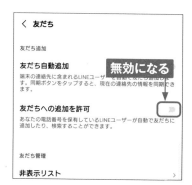

# QRコードを更新して知らない人に登録されないようにしたい！

マイQRコードが流出してしまうと、知らない人から友だち追加される可能性があります。QRコードを更新して以前のQRコードを使えないようにしましょう。

## 💬 マイQRコードを更新する

① 「ホーム」タブから⚙→［プライバシー管理］の順にタップします。

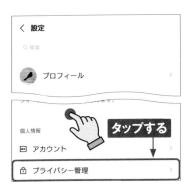

② ［QRコードを更新］をタップします。

③ ［OK］をタップします。

④ QRコードが更新されます。［QRコードを見る］をタップすると、新しいQRコードを確認できます。

## Section 62

# 勝手にログインされていないか確認したい！

自分のLINEアカウントが不正に利用されていないか確認するには「ログイン中の端末」を確認する方法があります。身に覚えのないログインがないかチェックしましょう。

## 「ログイン中の端末」を確認する

① 「ホーム」タブから⚙→［アカウント］の順にタップします。

② ［ログイン中の端末］をタップします。

③ ログイン中の端末（使用中のスマホ以外）が表示されます。身に覚えのないログインが表示されている場合は、［ログアウト］をタップし、パスワードを変更しましょう。

### MEMO ログイン通知

ほかの端末でログインを試みたり、ログインしたりすると、LINEの公式アカウントからトークが届きます。心当たりがない場合は、トークのURLからログアウトし、パスワードを変更して、手順②の画面で［ログイン許可］をオフにしましょう。

149

# 最新のアプリを使えるようにしたい！

アプリのバージョンを最新にすることで、LINEの不具合の改善や新しい機能の利用などができます。アプリは常に最新バージョンにしておきましょう。

## 💬 アプリを最新バージョンにする

① ホーム画面で［Playストア］をタップします。

② 画面右上のプロフィール画像（ここでは🟡）をタップします。

③ ［アプリとデバイスの管理］をタップします。

④ 「アップデート利用可能」の［詳細を表示］をタップします。

⑤ 「LINE」の［更新］をタップすると、アプリの更新が始まります。

**MEMO アプリのバージョンを確認する**

「LINE」アプリの「ホーム」タブから⚙️→［LINEについて］の順にタップすると、「LINE」アプリの現在のバージョンが表示されます。

# LINEが起動しないので何とかしたい！

LINEのバージョンを最新にしてもLINEが起動しない場合は、スマートフォンを再起動してみましょう。

## 💬 スマートフォンを再起動する

① スマートフォンの電源ボタンと音量の上ボタンを同時に押します。

② ［再起動］をタップすると、スマートフォンが再起動されます。

第6章 LINEで困ったときのQ&A

---

📋 **MEMO** 電源メニューの出し方

スマートフォンの機種によっては、電源ボタンを長押しするなど、電源メニューの出し方が異なる場合があります。

📋 **MEMO** 再起動がない場合

手順②の画面で「再起動」がない場合、［電源を切る］をタップし、そのあと電源ボタンを長押しして電源を入れます。

# 新しいスマートフォンでも LINEを使いたい！

これまで使っていた端末でLINEの引き継ぎ用QRコードを表示して、かんたんに新しい端末で同じアカウントを引き継ぐことができます。

## 💬 古い端末からアカウントを引き継ぐ

① 古い端末で「ホーム」タブから⚙→[かんたん引き継ぎQRコード]の順にタップして引き継ぎ用のQRコードを表示します。

② 新しい端末でP.14〜17を参考に「LINE」アプリをインストールし、LINEを起動して、[ログイン]→[QRコードでログイン]の順にタップします。

③ [QRコードをスキャン]をタップし、手順①のQRコードを読み込みます。許可画面が表示される場合は、[アプリの使用時のみ]や[許可]をタップします。

④ 古い端末で[はい、スキャンしました]→[次へ]の順にタップします。

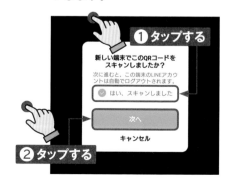

⑤ 新しい端末で[ログイン]をタップします。

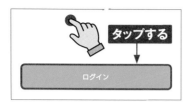

⑥ バックアップ（P.144参照）からトーク履歴を復元する場合は[アカウントを選択]→[許可]の順にタップします。

⑦ トーク履歴を保存したGoogleアカウントを選択し、[OK]をタップして、[トーク履歴を復元]をタップします。

⑧ [次へ]をタップします。

⑨ P.21手順⑭以降を参考に設定を進めると、「ホーム」タブが表示され、引き継ぎが完了します。

⑩ 引き継ぎが完了すると、古い端末に「利用することができません。」画面が表示されるので、[削除]をタップします。

## Section

# 66

# スマートフォンを
# なくしてしまった！

なくしてしまったスマートフォンで使っていた電話番号を利用できる場合は、新しいスマートフォンにアカウントの引き継ぎをすることができます。

## 💬 電話番号でアカウントの引き継ぎを行う

① 新しい端末でP.14 〜 17を参考に「LINE」アプリをインストールし、LINEを起動して、[ログイン] → [電話番号でログイン] の順にタップします。

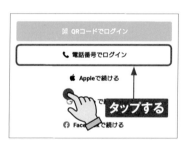

② [次へ] → [許可] の順にタップすると、電話番号が自動で入力されるので、●をタップします。

③ [OK] をタップします。

④ [許可] をタップすると、手順③で送信された認証番号が自動入力されて次の画面が表示されます。自動入力されない場合は手動で入力します。

第6章　LINEで困ったときのQ&A

⑤ 名前を確認し、[はい、私のアカウントです]をタップします。

⑥ P.20手順⑨で設定したパスワードを入力し、●をタップします。

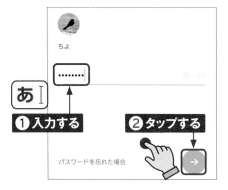

⑦ [次へ]をタップします。

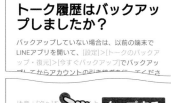

⑧ トーク履歴を復元する場合は、P.153手順⑥〜⑦を参考に設定し、P.144手順③で設定したバックアップ用のPINコードを入力します。[次へ]をタップすると、トーク履歴が復元されます。

⑨ P.20手順⑩を参考に友だち追加設定をします。以降はP.21手順⑭からを参考に設定を進めると、「ホーム」タブが表示され、引き継ぎが完了します。

### 友だち追加設定

以下の設定をオンにすると、LINEは友だち追加のためにあなたの電話番号や端末の連絡先を利用します。
詳細を確認するには各設定をタップしてください。

友だち自動追加

友だちへの追加を許可

---

**📝 MEMO** **ログインできない場合**

パスワードを忘れてしまった場合は、手順⑥の画面で[パスワードを忘れた場合]をタップすると、登録したメールアドレスからパスワードを再設定することができます。また、正しい電話番号やパスワードでログインできない場合は、アカウントが乗っ取られて、メールアドレスも変更されてしまっている可能性があります。乗っ取りが考えられる場合は、お問い合わせフォーム（https://lin.ee/ibylDXG/btdv/20024126/ja-jp）から調査を依頼しましょう。

Section 67

# アカウントを削除したい！

**端末から「LINE」アプリをアンインストールしただけではアカウント情報は消えません。アカウント情報も削除するためには、アカウントを削除する必要があります。**

## LINEのアカウントを削除する

① 「ホーム」タブで⚙をタップします。

② [アカウント] をタップします。

③ 画面を上方向にスワイプし、[アカウント削除] をタップします。

**MEMO アカウントを削除すると**

削除したLINEアカウントは、復元できません。購入した有料スタンプや登録した電話番号、友だちやグループのリスト、トーク履歴など、すべてのデータが削除されます。

第6章 LINEで困ったときのQ&A

④ [次へ]をタップします。

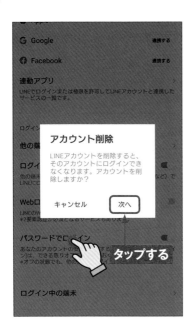

⑤ 「保有アイテム」を確認し、「すべてのアイテムが削除されることを理解しました。」のチェックボックスをタップしてオンにし、画面を上方向にスワイプします。

⑥ 手順⑤を参考に、「連動アプリ」「注意事項」の各内容を確認し、チェックボックスをタップしてオンにし、[アカウント削除]をタップします。

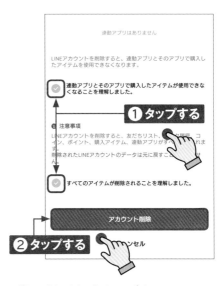

⑦ [削除]をタップすると、LINEのアカウントが削除されます。

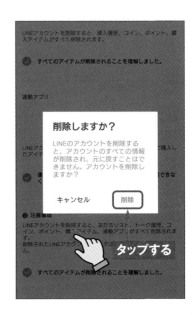

157

# 索引 Index

**★ な行 ★**

**★ は行 ★**

**★ ま行 ★**

**★ や行 ★**

**★ ら行 ★**

## ■ お問い合わせについて

本書に関するご質問については、本書に記載されている内容に関するもののみとさせていただきます。本書の内容と関係のないご質問につきましては、一切お答えできませんので、あらかじめご了承ください。また、電話でのご質問は受け付けておりませんので、必ずFAXか書面にて下記までお送りください。
なお、ご質問の際には、必ず以下の項目を明記していただきますようお願いいたします。

**1** お名前
**2** 返信先の住所または FAX 番号
**3** 書名
　（ゼロからはじめる　スマホで楽しむ LINE 超入門　[Android 対応版]　改訂新版）
**4** 本書の該当ページ
**5** ご使用の機種
**6** ご質問内容

なお、お送りいただいたご質問には、できる限り迅速にお答えできるよう努力いたしておりますが、場合によってはお答えするまでに時間がかかることがあります。ご質問の際に記載いただきました個人情報は、回答後速やかに破棄させていただきます。

## ■ お問い合わせの例

### FAX

**1** お名前
　技術 太郎
**2** 返信先の住所または FAX 番号
　03-XXXX-XXXX
**3** 書名
　ゼロからはじめる
　スマホで楽しむ LINE 超入門
　[Android 対応版]　改訂新版
**4** 本書の該当ページ
　41 ページ
**5** ご使用の機種
　Xperia 10 Ⅳ
**6** ご質問内容
　手順 3 の画面が表示されない

## ■ お問い合わせ先

〒 162-0846
東京都新宿区市谷左内町 21-13
株式会社技術評論社　書籍編集部
「ゼロからはじめる　スマホで楽しむ LINE 超入門　[Android 対応版]　改訂新版」質問係
FAX 番号　03-3513-6167　　URL：https://book.gihyo.jp/116/

ゼロからはじめる スマホで楽しむ LINE 超入門
# [Android 対応版]　改訂新版

2021 年 12 月 17 日　初版　　第 1 刷発行
2023 年 12 月　1 日　第 2 版　第 1 刷発行

著者 ............................................... リンクアップ
発行者 .......................................... 片岡 巌
発行所 .......................................... 株式会社 技術評論社
　　　　　　　　　　　　　　東京都新宿区市谷左内町 21-13
電話 ............................................... 03-3513-6150　販売促進部
　　　　　　　　　　　　　　03-3513-6160　書籍編集部
担当 ............................................... 春原 正彦
装丁 ............................................... クオルデザイン 坂本真一郎
DTP ／編集 ................................... リンクアップ
製本／印刷 ................................... 図書印刷株式会社

**定価はカバーに表示してあります。**

ISBN978-4-297-13815-8 C3055

Printed in Japan